好玩的数学（修订版）

国家科学技术进步奖二等奖获奖丛书
总署"向全国青少年推荐的百种优秀图书"
科学时报杯"科学普及与科学文化最佳丛书奖"

张景中 主编

数学美拾趣

易南轩 著

科学出版社
北京

内 容 简 介

本书不是系统论述数学美，而是将数学中美的精彩内容的片段摘出，从艺术和思维的角度加以欣赏；或是阐述某一个事物与数学的联系，从中体现出一种数学美。赏析之下，会觉得情趣盎然，在美的熏陶下，得到感情的共鸣和思维的启迪。

读者不仅可以从书中学到许多课本上学不到的知识，更重要的是可以学到一些灵活多变的思维方法，培养科学探索的精神。因此，本书是具有中等文化程度的读者，特别是青少年的一本非常有益的读物。

图书在版编目（CIP）数据

数学美拾趣/易南轩著．—修订本．—北京：科学出版社，2015.3

（好玩的数学/张景中主编）

ISBN 978-7-03-043577-4

Ⅰ．①数…　Ⅱ．①易…　Ⅲ．①数学—美学—普及读物

Ⅳ．①O1-05

中国版本图书馆 CIP 数据核字（2015）第 044256 号

责任编辑：孔国平　朱萍萍　田慧莹 / 责任校对：陈玉凤

责任印制：吴兆东 / 整体设计：黄华斌

科学出版社 出版

北京东黄城根北街 16 号

邮政编码：100717

http://www.sciencep.com

北京厚诚则铭印刷科技有限公司印刷

科学出版社发行　各地新华书店经销

*

2015 年 4 月第　六　版　　开本：720×1000　1/16

2025 年 5 月第十五次印刷　　印张：13 3/4

字数：218 000

定价：58.00 元

（如有印装质量问题，我社负责调换）

丛书修订版前言

“好玩的数学”丛书自2004年10月出版以来，受到广大读者欢迎和社会各界的广泛好评，各分册先后重印10余次，平均发行量近45000套，被认为是一套叫好又叫座的科普图书。丛书致力于多个角度展示了数学的“好玩”，将现代数学和经典数学中许多看似古怪、实则富有深刻哲理的内容最大限度地通俗化，努力使读者“知其然”并“知其所以然”；尽可能地把数学的好玩提升到了更为高雅的层次，让一般读者也能领略数学的博大精深。

丛书于2004年获科学时报杯“科学普及与科学文化最佳丛书奖”，2006年又被国家新闻出版总署列为“向全国青少年推荐的百种优秀图书”之一，2009年荣获“国家科学技术进步奖二等奖”。但对于作者和编者来说，最高的奖励莫过于广大读者的喜爱关心。十年来，收到不少热心读者提出的意见和修改建议，数学研究领域和科普领域也都有了新的发展，大家感到有必要对书中的内容进行更新和补充。要感谢各位在耄耋之年仍俯首案牍、献身科普事业的作者，他们热心负责地对自己的作品进一步加工，在“好玩的数学（普及版）”的基础上进行了修订和完善。出版社借此机会将丛书改为B5开本，以方便读者阅读。

感谢多年来关心本套丛书的广大读者和各界人士，欢迎大家提出批评建议，共同促进科普事业繁荣发展。

编　者

2015年3月

第一版总序

2002年8月在北京举行国际数学家大会（ICM2002）期间，91岁高龄的数学大师陈省身先生为少年儿童题词，写下了“数学好玩”4个大字。

数学真的好玩吗？不同的人可能有不同的看法。

有人会说，陈省身先生认为数学好玩，因为他是数学大师，他懂数学的奥妙。对于我们凡夫俗子来说，数学枯燥，数学难懂，数学一点也不好玩。

其实，陈省身从十几岁就觉得数学好玩。正因为觉得数学好玩，才兴致勃勃地玩个不停，才玩成了数学大师。并不是成了大师才说好玩。

所以，小孩子也可能觉得数学好玩。

当然，中学生或小学生能够体会到的数学好玩，和数学家所感受到的数学好玩，是有所不同的。好比象棋，刚入门的棋手觉得有趣，国手大师也觉得有趣，但对于具体一步棋的奥妙和其中的趣味，理解的程度却大不相同。

世界上好玩的事物，很多要有了感受体验才能食髓知味。有酒仙之称的诗人李白写道：“但得此中味，勿为醒者传。”不喝酒的人是很难理解酒中乐趣的。

但数学与酒不同。数学无所不在。每个人或多或少地要用到数学，要接触数学，或多或少地能理解一些数学。

早在2000多年前，人们就认识到数的重要。中国古代哲学家老子在《道德经》中说：“道生一，一生二，二生三，三生万物。”古希腊毕达哥拉斯学派的思想家菲洛劳斯说得更加确定有力：“庞大、万能和完美无缺是数字的力量所在，它是人类生活的开始和主宰者，是一切事物的参与者。没有数字，一切都是混乱和黑暗的。”

既然数是一切事物的参与者，数学当然就无所不在了。

在很多有趣的活动中，数学是幕后的策划者，是游戏规则的制定者。

玩七巧板，玩九连环，玩华容道，不少人玩起来乐而不倦。玩的人不一定知道，所玩的其实是数学。这套丛书里，吴鹤龄先生编著的《七巧板、九连环和华容道——中国古典智力游戏三绝》一书，讲了这些智力游戏中蕴含的数学问题和数学道理，说古论今，引人入胜。丛书编者应读者要求，还收入了吴先生的另一本备受大家欢迎的《幻方及其他——娱乐数学经典名题》，该书题材广泛、内容有趣，能使人在游戏中启迪思想、开阔视野，锻炼思维能力。丛书的其他各册，内容也时有涉及数学游戏。游戏就是玩。把数学游戏作为丛书的重要部分，是“好玩的数学”题中应有之义。

数学的好玩之处，并不限于数学游戏。数学中有些极具实用意义的内容，包含了深刻的奥妙，发人深思，使人惊讶。比如，以数学家欧拉命名的一个公式

$$e^{2\pi i}=1$$

这里指数中用到的 π，就是大家熟悉的圆周率，即圆的周长和直径的比值，它是数学中最重要的一个常数。数学中第 2 个重要的常数，就是上面等式中左端出现的 e，它也是一个无理数，是自然对数的底，近似值为 2.718281828459…。指数中用到的另一个数 i，就是虚数单位，它的平方等于－1。谁能想到，这 3 个出身大不相同的数，能被这样一个简洁的等式联系在一起呢？丛书中，陈仁政老师编著的《说不尽的 π》和《不可思议的 e》（此二书尚无学生版——编者注），分别详尽地说明了这两个奇妙的数的来历、有关的轶事趣谈和

人类认识它们的漫长的过程。其材料的丰富详尽，论述的清楚确切，在我所知的中外有关书籍中，无出其右者。

如果你对上面等式中的虚数 i 的来历有兴趣，不妨翻一翻王树和教授为本丛书所写的《数学演义》的“第十五回　三次方程闹剧获得公式解　神医卡丹内疚难舍诡辩量”。这本章回体的数学史读物，可谓通而不俗、深入浅出。王树和教授把数学史上的大事趣事憾事，像说评书一样，向我们娓娓道来，使我们时而惊讶、时而叹息、时而感奋，引来无穷怀念遐想。数学好玩，人类探索数学的曲折故事何尝不好玩呢？光看看这本书的对联形式的四十回的标题，就够过把瘾了。王教授还为丛书写了一本《数学聊斋》（此次学生版出版时，王教授对原《数学聊斋》一书进行了仔细修订后，将其拆分为《数学聊斋》与《数学志异》二书——编者注），把现代数学和经典数学中许多看似古怪而实则富有思想哲理的内容，像《聊斋》讲鬼说狐一样最大限度地大众化，努力使读者不但“知其然”而且“知其所以然”。在这里，数学的好玩，已经到了相当高雅的层次了。

谈祥柏先生是几代数学爱好者都熟悉的老科普作家，大量的数学科普作品早已脍炙人口。他为丛书所写的《乐在其中的数学》，很可能是他的封笔之作。此书吸取了美国著名数学科普大师伽德纳 25 年中作品的精华，结合中国国情精心改编，内容新颖、风格多变、雅俗共赏。相信读者看了必能乐在其中。

易南轩老师所写的《数学美拾趣》一书，自 2002 年初版以来，获得读者广泛好评。该书以流畅的文笔，围绕一些有趣的数学内容进行了纵横知识面的联系与扩展，足以开阔眼界、拓广思维。读者群中有理科和文科的师生，不但有数学爱好者，也有文学艺术的爱好者。该书出版不久即脱销，有一些读者索书而未能如愿。这次作者在原书基础上进行了较大的修订和补充，列入丛书，希望能满足这些读者的心愿。

世界上有些事物的变化，有确定的因果关系。但也有着大量的随机现象。一局象棋的胜负得失，一步一步地分析起来，因果关系是清楚的。一盘麻将的输赢，却包含了很多难以预料的偶然因素，即随机性。有趣的是，数学不但长于表达处理确定的因果关系，而且也能表达处理被偶然因素支配的随机现象，从偶然中发现规律。孙荣恒先生的《趣味随机问题》一书，向我们展示出概率论、数理统计、随机过程这些数学分支中许多好玩的、有用的和新颖的问题。其中既有经典趣题，如赌徒输光定理，也有近年来发展的新的方法。

中国古代数学，体现出算法化的优秀数学思想，曾一度辉煌。回顾一下中国古算中的名题趣事，有助于了解历史文化，振奋民族精神，学习逻辑分析方法，发展空间想像能力。郁祖权先生为丛书所著的《中国古算解趣》，诗、词、书、画、数五术俱有，以通俗艺术的形式介绍韩信点兵、苏武牧羊、李白沽酒等 40 余个中国古算名题；以题说法，讲解我国古代很有影响的一些数学方法；以法传知，叙述这些算法的历史背景和实际应用，并对相关的中算典籍、著名数学家的生平及其贡献做了简要介绍，的确是青少年的好读物。

读一读《好玩的数学》，玩一玩数学，是消闲娱乐，又是学习思考。有些看来已经解决的小问题，再多想想，往往有“柳暗花明又一村”的感觉。

举两个例子：

《中国古算解趣》第 37 节，讲了一个“三翁垂钓”的题目。与此题类似，有个“五猴分桃”的趣题在世界上广泛流传。著名物理学家、诺贝尔奖获得者李政道教授访问中国科学技术大学时，曾用此题考问中国科学技术大学少年班的学生，无人能答。这个问题，据说是由大物理学家狄拉克提出的，许多人尝试着做过，包括狄拉克本人在内都没有找到很简便的解法。李政道教授说，著名数理逻辑学家和哲学家怀德海曾用高阶差分方程理论中通解和特解的关系，给出一个巧妙的解法。其实，仔细想想，有一个十分简单有趣的解法，小学生都不难理解。

原题是这样的：5只猴子一起摘了1堆桃子，因为太累了，它们商量决定，先睡一觉再分。

过了不知多久，来了1只猴子，它见别的猴子没来，便将这1堆桃子平均分成5份，结果多了1个，就将多的这个吃了，拿走其中的1堆。又过了不知多久，第2只猴子来了，它不知道有1个同伴已经来过，还以为自己是第1个到的呢，于是将地上的桃子堆起来，平均分成5份，发现也多了1个，同样吃了这1个，拿走其中的1堆。第3只、第4只、第5只猴子都是这样……问这5只猴子至少摘了多少个桃子？第5个猴子走后还剩多少个桃子？

思路和解法：题目难在每次分都多1个桃子，实际上可以理解为少4个，先借给它们4个再分。

好玩的是，桃子尽管多了4个，每个猴子得到的桃子并不会增多，当然也不会减少。这样，每次都刚好均分成5堆，就容易算了。

想得快的一下就看出，桃子增加4个以后，能够被5的5次方整除，所以至少是3125个。把借的4个桃子还了，可知5只猴子至少摘了3121个桃子。

容易算出，最后剩下至少1024－4＝1020个桃子。

细细地算，就是：

设这1堆桃子至少有x个，借给它们4个，成为$x+4$个。

5个猴子分别拿了a，b，c，d，e个桃子（其中包括吃掉的一个），则可得

$$a=(x+4)/5$$

$$b=4\ (x+4)\ /25$$

$$c=16\ (x+4)\ /125$$

$$d=64\ (x+4)\ /625$$

$$e=256\ (x+4)\ /3125$$

e 应为整数，而 256 不能被 5 整除，所以 $x+4$ 应是 3125 的倍数，所以

$$x+4=3125k\ (k \text{ 取自然数})$$

当 $k=1$ 时，$x=3121$

答案是，这 5 个猴子至少摘了 3121 个桃子。

这种解法，其实就是动力系统研究中常用的相似变换法，也是数学方法论研究中特别看重的“映射 - 反演”法。小中见大，也是数学好玩之处。

在《说不尽的π》的 5.3 节，谈到了祖冲之的密率 355/113。这个密率的妙处，在于它的分母不大而精确度很高。在所有分母不超过 113 的分数当中，和π最接近的就是 355/113。不但如此，华罗庚在《数论导引》中用丢番图理论证明，在所有分母不超过 336 的分数当中，和π最接近的还是 355/113。后来，在夏道行教授所著《π和 e》一书中，用连分数的方法证明，在所有分母不超过 8000 的分数当中，和π最接近的仍然是 355/113，大大改进了 336 这个界限。有趣的是，只用初中里学的不等式的知识，竟能把 8000 这个界限提高到 16500 以上！

根据 $\pi=3.1415926535897\cdots$，可得 $|355/113-\pi|<0.00000026677$，如果有个分数 q/p 比 355/113 更接近π，一定会有

$$|355/113-q/p|<2\times0.00000026677$$

也就是

$$|355p-113q|/113p<2\times0.00000026677$$

因为 q/p 不等于 355/113，所以 $|355p-113q|$ 不是 0。但

它是正整数，大于或等于1，所以

$$1/113p<2\times 0.00000026677$$

由此推出

$$p>1/(113\times 2\times 0.00000026677)>16586$$

这表明，如果有个分数 q/p 比 355/113 更接近 π，其分母 p 一定大于 16586。

如此简单初等的推理得到这样好的成绩，可谓鸡刀宰牛。

数学问题的解决，常有“出乎意料之外，在乎情理之中”的情形。

在《数学美拾趣》的22章，提到了“生锈圆规”作图问题，也就是用半径固定的圆规作图的问题。这个问题出现得很早，历史上著名的画家达·芬奇也研究过这个问题。直到20世纪，一些基本的作图，例如已知线段的两端点求作中点的问题（线段可没有给出来），都没有答案。有些人认为用生锈圆规作中点是不可能的。到了20世纪80年代，在规尺作图问题上从来没有过贡献的中国人，不但解决了中点问题和另一个未解决问题，还意外地证明了从2点出发作图时生锈圆规的能力和普通规尺是等价的。那么，从3点出发作图时生锈圆规的能力又如何呢？这是尚未解决的问题。

开始提到，数学的好玩有不同的层次和境界。数学大师看到的好玩之处和小学生看到的好玩之处会有所不同。就这套丛书而言，不同的读者也会从其中得到不同的乐趣和益处。可以当做休闲娱乐小品随便翻翻，有助于排遣工作疲劳、俗事烦恼；可以作为教师参考资料，有助于活跃课堂气氛、启迪学生心智；可以作为学生课外读物，有助于开阔眼界、增长知识、锻炼逻辑思维能力。即使对于数学修养比较高的大学生、研究生甚至数学研究工作者，也会开卷有益。数学大师华罗庚提倡“小敌不侮”，上面提到的两个小题目都有名家做过。丛书中这类好玩的小问题比比皆是，说不定有心人还能从中挖出宝矿，有所斩获呢。

啰嗦不少了，打住吧。谨以此序祝《好玩的数学》丛书成功。

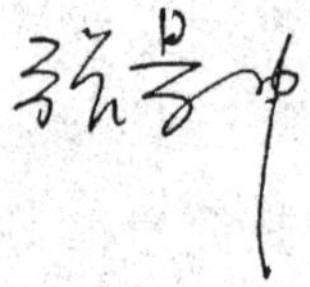

2004年9月9日

修订版前言

《数学美拾趣》自2002年9月出第一版，便受到了读者的好评，并很快脱销。2004年10月出第二版，并被收入由张景中院士主编的《好玩的数学》丛书，之后影响就更大了，销路也更广了。《数学美拾趣》每年都要重印，至2008年1月在不到4年的时间里，已是7次印刷，累计有3万余册，可说已成了科普畅销书。

为了更普及《好玩的数学》这套丛书，2008年8月《好玩的数学》丛书出版了“普及版”。至2014年8月《数学美拾趣》“普及版”又进行了8次印刷。除此外，在此期间内，《数学美拾趣》还进行了另外两次印刷：一是2009年3月为文化部选定“送书下乡工程”所需书的印刷；另一是2012年9月为四川省教委定制书的印刷。到2015年《好玩的数学》丛书出了“修订版”。2015年4月《数学美拾趣》（修订版）进行了第一次印刷；同年8月，《数学美拾趣》（修订版）又进行了第二次印刷，即一年内就印刷了两次；在2016年又印刷了两次。因此，《数学美拾趣》从第一版、第二版、普及版到两种特印版，再到修订版，共有6种版本。截至2016年8月，共进行了21次印刷，累计印刷近7万册，这恐怕在国内的科普书中也是少见的。下面是《数学美拾趣》已出6种版本封面的呈列：

第一版

第二版

普及版

文化部选定“送书下乡工程”版

四川省教委选定版

修订版

《好玩的数学》丛书于2004年获“科学时报杯科学普及与科学文化最佳丛书奖”，2006年被国家新闻出版总署列为向全国青少年推荐的百种优秀图书之一。2008年，丛书中的《数学美拾趣》与《七巧板、九连环和华容道》被文化部选入“送书下乡工程”书目。《好玩的数学》丛书于2009年荣获国家科学技术进步二等奖。

2010年5月1日新疆《晨报》以“为师忧道不忧贫 粉笔生涯寄此身——“半路出家”的教师获国家科技进步奖”为题对《数学美拾趣》作者获奖事迹做了报道。

如今，“好玩的数学”丛书又出了修订版，而《数学美拾趣》自第一版至现在已有14年了，有一些内容需要有所更新和补充，因而这次修订版对全书作了仔细认真的审阅、补充修订。除对全书文字进行了校对、润色外，还对全书一些章、节作了少量的补充，并更换和补充了几幅插图，尤其对第4章《圆周率》内容作了较大的增补，以增加其可读性。

《数学美拾趣》将带您到一个“好玩”的数学世界中去漫游：那里有美丽的黄金分割、奇妙的分形世界、迷人的平面镶嵌、离奇的等宽曲线、神秘的无穷多、出人意料的悖论和卓越完美的公式。还可看到数学与文学、数学与艺术和数学与人文的汇合与交融……让您对数学中那些美的精彩内容，从艺术与思维的角度加以欣赏，会觉得情趣盎然，得到感情的共鸣和思维的启迪。让您不但可以学到许多课本上学不到的知识，而且还可以学到一些灵活多变的思维方法和科学的探索精神！

退休后我已出版了七部著作，《数学美拾趣》是我退休后的第一部作品，对其有着深厚的感情。尤其是看到一些著作、文章将其引作“参考书目”时，更是倍感欣慰。下面录“诗”一首，作为本文的结束：

喜获“国家科学技术进步二等奖”有感

2010年3月得知拙作《数学美拾趣》作为《好玩的数学》丛书之一，荣获2009年度“国家科学技术进步二等奖”。喜讯传来，兴奋之余，欣然命笔：

退休十六载，已过古稀年，
笔未停，脑未闲，
五千八百四十日，
纵马、奋蹄、扬鞭。
毅力忘辛苦，
收获酬华年。
挥汗赢得丰收果，
七部著作呈案前。
尤有《数学美拾趣》，
与我心意紧相连。
十六年畅销不息，
与数万读者结缘。
众多青睐语，
谈笑相互传。
美的音符化成蝶，
春风拂面喜眉尖。
传喜讯，惊意外，
仔细想，犹在意中间！

2016年12月13日修改于乌鲁木齐

赞 美 诗*

我赞美那与我日夜相守的
数字、字母、符号、式子和图形，
像浮在空中轻轻飘荡的五色花瓣
萦绕在我的脑海之中；
像一个个流动的金属音符，
碰撞发出一串串清脆叮咚之声；
像钢琴上的键盘，
弹奏出悦耳的谐音；
像一道划破长空的闪电，
将我灵感的引线接通。

* * * *

那数字、字母、符号、式子和图形，
在莫测的变幻里
组合出一个神奇的世界。
而我从方程、公式、图形的直觉
和逻辑推理中，
获得一种优美而崇高的体验，
痴情、忘我，融汇成了
一种快慰和神圣的感情！

---

* 本诗是作者的原创，但常看到一些书刊杂志和网上文章引用本诗而不标明作者，甚至还有人将其“据为己有”。再次声明，本诗是作者原创，希引用者注明作者和出处。

目　　录

丛书修订版前言 …… i

第一版总序 …… iii

修订版前言 …… xi

01　导言 …… 1

02　黄金分割 …… 3

2.1　美妙的黄金分割 …… 3

2.2　建筑丰碑与“黄金比” …… 3

2.3　人体也有黄金分割点 …… 4

2.4　随处可见的黄金分割比 …… 4

03　数学中的黄金分割美 …… 6

3.1　五角星图形 …… 6

3.2　黄金图形 …… 6

3.3　将黄金数表示为连分数 …… 7

3.4　斐波那契数列 …… 8

04　圆周率记趣 …… 10

4.1　人类追求“π”值精确度的旅程 …… 10

4.2　背诵圆周率的记录 …… 11

4.3　记忆圆周率的“诀窍” …… 12

4.4　用 0～9 十个数码凑 π 的近似值 …… 13

4.5　用 π 表示整数 …… 13

4.6　圆周率中的数字的奇异排列 …… 14

4.7　两首圆周率谐音长诗 …… 14

05　数学在艺术中的应用 …… 18

5.1　数学与音乐 …… 18

5.2　数学与绘画 …… 19

06　数学与文学 …… 21

6.1　文学与数学的结合 …… 21

6.2 数学在文学中的应用 …… 22
6.3 数学家与诗 …… 22
6.4 数学家的妙对 …… 24
07 别具韵味的数字诗 …… 25
7.1 连用10个“一”的诗 …… 25
7.2 用一至十这10个数词的诗 …… 25
7.3 以数词作对的佳句 …… 26
7.4 题苏东坡《百鸟归巢图》诗 …… 27
7.5 卓文君的数字镶嵌相思诗 …… 28
7.6 华罗庚的妙对 …… 28
7.7 有趣的茶诗 …… 29
08 数学中的哲理 …… 30
8.1 数中的哲理 …… 30
8.2 几何图形中的哲理 …… 30
8.3 一首数学哲理诗 …… 31
8.4 数学对联中的哲理 …… 32
8.5 数字对联的隐意 …… 33
8.6 周总理妙用“一”字 …… 33
8.7 鲁迅巧对奇联 …… 33
8.8 对联隐括生平 …… 34
09 引人入胜的数学诗(中国篇) …… 35
9.1 孙子定理 …… 35
9.2 百羊问题 …… 35
9.3 李白醉酒 …… 36
9.4 寺内僧多少 …… 36
9.5 民间数学诗 …… 37
10 引人入胜的数学诗(外国篇) …… 38
10.1 爱神的烦恼（古希腊） …… 38
10.2 丢番图的墓志铭（古希腊） …… 39
10.3 莲花问题（古代印度） …… 40
10.4 白杨问题（古代印度） …… 40

10.5 猴子问题（古代印度） …… 41
11 悖论的魅力 …… 42
11.1 什么是悖论 …… 42
11.2 悖论的三种主要形式 …… 42
11.3 悖论存在的意义 …… 42
11.4 悖论举例 …… 43
11.5 认识的挑战 …… 44
12 让您开窍的数学题 …… 45
12.1 鸡兔同笼问题 …… 45
12.2 猴子分桃问题 …… 46
13 神秘的无穷多 …… 48
13.1 出人意料的结论 …… 48
13.2 问题解决的桥梁 …… 48
13.3 “出人意料”的结论的图示 …… 49
13.4 希尔伯特的“无穷旅店” …… 49
13.5 所有的无穷都一样多吗 …… 50
14 数学灵感与数学发现 …… 51
14.1 灵感与数学灵感 …… 51
14.2 灵感产生的特征 …… 51
14.3 数学家的灵感与数学发现 …… 52
15 诗中的数学意境 …… 54
15.1 大漠孤烟直，长河落日圆 …… 54
15.2 孤帆远影碧空尽，唯见长江天际流 …… 54
15.3 会当凌绝顶，一览众山小 …… 55
15.4 随风潜入夜，润物细无声 …… 55
15.5 不识庐山真面目，只缘身在此山中 …… 55
15.6 横看成岭侧成峰，远近高低各不同 …… 56
15.7 欲穷千里目，更上一层楼 …… 57
16 突破视觉与习惯思维的误区 …… 59
16.1 视觉的迷惑 …… 59
16.2 突破习惯思维的束缚 …… 60

17 河图与洛书的数学内涵 …… 63
17.1 河图、洛书的传说 …… 63
17.2 河图、洛书的数学内涵 …… 64
17.3 河图、洛书的现代解释 …… 65
17.4 河图、洛书的美学意义 …… 65
18 八卦文化的魅力 …… 67
18.1 八卦的由来 …… 67
18.2 八卦符号的含义 …… 67
18.3 八卦的数学结构 …… 68
18.4 八卦的美感 …… 70
19 三大几何作图难题 …… 72
19.1 三大几何难题的由来 …… 72
19.2 三大几何作图问题为什么不能用尺规作出 …… 73
19.3 不用尺规作图时“三大几何难题”的可能性 …… 74
20 只用圆规或直尺作图的巧思 …… 76
20.1 仅用圆规的作图 …… 76
20.2 仅用直尺的作图 …… 79
21 几何名题赏析 …… 82
21.1 希波克拉底定理（月牙定理） …… 82
21.2 莫利定理 …… 84
21.3 蝴蝶定理 …… 85
22 不可能的图形 …… 88
22.1 三接棍 …… 88
22.2 没有尽头的楼梯 …… 88
22.3 三柱两拱结构 …… 88
22.4 国际数学家大会的会标 …… 89
23 几何与日常生活 …… 90
23.1 最佳观画位置 …… 90
23.2 足球射门 …… 91
23.3 选定架桥位置 …… 92
23.4 台球桌上的数学 …… 92

23.5 柳卡问题 …… 93
24 漫话勾股定理 …… 94
24.1 勾股定理的几种特殊而美妙的证法 …… 94
24.2 勾股定理与无理数 …… 96
24.3 勾股数组 …… 96
24.4 勾股定理的推广 …… 97
25 离奇的求 π 方法 …… 99
25.1 蒲丰实验 …… 99
25.2 抛针实验与 π …… 100
25.3 另一种奇特的求 π 方法 …… 101
26 哥尼斯堡七桥问题与一笔画 …… 103
26.1 哥尼斯堡七桥问题 …… 103
26.2 问题的抽象——数学化 …… 104
26.3 引申推广 …… 104
26.4 新学科的形成 …… 105
26.5 给有兴趣的读者留的问题 …… 106
26.6 今天的哥尼斯堡桥 …… 106
27 莫比乌斯带与克莱茵瓶 …… 107
27.1 神奇莫测的莫比乌斯带 …… 107
27.2 莫比乌斯带与克莱茵瓶 …… 109
27.3 莫比乌斯带的影响 …… 109
28 巧妙的图形分割 …… 111
28.1 问题缘起 …… 111
28.2 对“完美正方形”的追寻 …… 111
28.3 人们寻求最小阶数的完美正方形 …… 112
28.4 矩形的正方形分割 …… 112
28.5 正方形的三角形分割 …… 114
28.6 其他图形的正三角形分割 …… 115
29 奇妙的分形世界 …… 116
29.1 雪花曲线 …… 116
29.2 雪花曲线面积的计算 …… 117

29.3 其他分形例子 …… 118
29.4 分形是真实的吗 …… 119
29.5 分形图形欣赏 …… 120
30 迷人的平面镶嵌 …… 122
30.1 相同正多边形镶嵌 …… 122
30.2 几种不同正多边形的镶嵌 …… 122
30.3 一般凸多边形（非正多边形）的平面镶嵌 …… 124
30.4 凹多边形的平面镶嵌 …… 125
30.5 重复花样图形的镶嵌 …… 125
30.6 几种精彩的平面镶嵌 …… 126
31 离奇的等宽曲线 …… 127
31.1 等宽曲线 …… 127
31.2 莱洛三角形与圆的相似处 …… 128
31.3 莱洛三角形与方孔钻头 …… 128
31.4 还有其他的等宽曲线吗 …… 129
31.5 对等宽曲线的思考 …… 130
32 三次数学危机 …… 131
32.1 第一次数学危机 …… 131
32.2 第二次数学危机 …… 133
32.3 第三次数学危机 …… 134
33 考考您的智力 …… 136
33.1 不通过计算，求出两相似图形的面积比 …… 136
33.2 在逻辑排列中，图 33-3、图 33-4 的右下角应填什么图形 …… 136
33.3 到底转了几圈 …… 137
33.4 三用瓶塞 …… 137
33.5 大小圆周一样长（亚里士多德诡辩） …… 137
33.6 曲线等分正三角形面积 …… 138
33.7 组合多面体有几个面 …… 138
33.8 自鸣得意的学者解方程 …… 138
33.9 三等分圆面积 …… 139
34 巧妙、有趣、优美的等式 …… 142
34.1 巧妙而正确的等式 …… 142

34.2　一串有趣的等式 …… 145
34.3　优美的算式与优美的答案 …… 146
35　奇异的数的世界 …… 148
35.1　完全数 …… 148
35.2　亲和数 …… 149
35.3　完全平方数 …… 150
35.4　多边形数 …… 151
35.5　勾股弦数 …… 152
35.6　还有许多有趣的数 …… 152
36　正整数记趣 …… 154
36.1　“从无到有”与“黑暗”的“一” …… 154
36.2　走向成功的“三” …… 154
36.3　好恶不同的“四” …… 154
36.4　吉祥与魔鬼数字“六” …… 155
36.5　最神秘的数字“七” …… 155
36.6　吉祥幸运的“八” …… 155
36.7　中华民族崇尚的数字“九” …… 156
36.8　索洛图思城偏爱数“十一” …… 156
36.9　受人青睐的“十二” …… 157
36.10　风靡西方的“十三”恐惧症 …… 157
36.11　西非人尊贵的数“四十一” …… 157
36.12　“八十八城” …… 158
36.13　吉祥神秘的“百零八” …… 158
37　神奇的幻方 …… 159
37.1　神奇的幻方世界 …… 159
37.2　幻方的一些性质 …… 163
37.3　幻方的种类 …… 164
38　两个卓越而奇妙的等式 …… 165
38.1　$e^{i\pi}+1=0$ …… 165
38.2　$V+F-E=2$ …… 167
39　单位圆的魅力 …… 169

40 回文数与回文诗 …… 171
40.1 回文数撷趣 …… 171
40.2 回文诗 …… 173
41 数学文化的渗透 …… 176
41.1 名言中的数学比喻 …… 176
41.2 人生坐标系 …… 177
41.3 数学语言 …… 177
41.4 语言与数学联想 …… 177
41.5 动物的数学本能 …… 178
41.6 艺术家、科学家和数学家创造素质的一致性 …… 178
42 数学符号——别具一格的世界语言 …… 179
42.1 数学符号的功能 …… 179
42.2 数学符号的使用 …… 179
42.3 数学符号的分类和特点 …… 181
42.4 最奇特的数字系统 …… 182
42.5 “修养”中的符号和用符号表达的世界观 …… 182
43 埃舍尔的数学艺术 …… 184
43.1 镶嵌图形 …… 184
43.2 多面体 …… 185
43.3 空间的形状 …… 186
43.4 自我复制 …… 187
44 奇妙的曲线 …… 189
44.1 黄金矩形序列螺形线 …… 189
44.2 对数螺线 …… 189
44.3 圆的渐伸线 …… 190
44.4 旋轮线（摆线） …… 190
44.5 星形线 …… 191
44.6 四个直纹面的交会 …… 191
45 结束语 …… 192
参考文献 …… 195

01 导　　言

爱美之心，人皆有之，人们执着地追求美。但什么是美？却只能意会，不能言传。然而当我们聆听一首优美的乐曲，观看一幅精美的图画，或置身于幽雅的大自然中，我们便会全身心地感到愉悦，受到一种美的陶冶。

可是，除了艺术的美、大自然的美外，人们是否想到科学也有美，数学也有美呢？有不少中小学生认为学习数学很艰苦、枯燥无味，不存在什么美感的问题。只是为了考试，为了升学而不得不学习数学。

数学果真无美感可言吗？否。古今中外有许多知名学者都认为数学是美的，并作过精辟的论述。

古希腊学者毕达哥拉斯说：“美就是和谐，整个天体是一种和谐，宇宙的和谐是由数组成的，因而构成了整个宇宙的美。”提出了数的美的三段论。

英国哲学家、数学家罗素认为：“数学，如果正确地看它，不但拥有真理，而且也具有至高的美，是一种冷而严肃的美。这种美不是投合我们天性脆弱的方面，这种美没有绘画或者音乐那样华丽的装饰，它可以纯净到崇高的地步，能够达到只有伟大的艺术才能谱写的那种完满的境地。”这就道出了美的特殊性。

英国数学家怀特海说：“作为人类精神最原始的创造，只有音乐堪与数学媲美。只有取得过数学财富的少数人，才能尝到数学的‘特殊乐趣’。”这似乎说数学是“阳春白雪，和者盖寡”。

而另一位英国数学家哈代的看法要实在些：“现在也许难以找到一个受过教育的人对数学美的魅力全然无动于衷，实际上，没有什么比数学更为‘普及’的科学了。大多数人能欣赏一点数学，正如同多数人能欣赏一支令人愉快的曲调一样。”即数学也有它“下里巴人”的一面。

外国的学者如是说，那么中国的学者对数学的看法又如何呢？

香港旅美数学家、菲尔兹奖和沃尔夫奖获得者丘成桐说：“数学家找寻美的境界，讲求简单的定律，解决实际问题，而这些因素都永远不会远离世界。”即数学有取之不尽的源泉。

我国现代著名数学家徐利治教授提出：“所谓数学美的含义是丰富的，如数学概念的简单性、统一性，结构系统的协调性、对称性，数学命题与数学模型的概括性、典型性和普遍性，还有数学中的奇异性等，都是数学美的具体内容。”徐利治指出了数学美的具体含义。其实，数学美并非“阳春白雪，曲高和寡”。当我们悟出了一个出色的数学公式，当我们用巧妙的方法解答出一道数学难题时，我们心中不也充满了一种成功的喜悦吗？我们在学习数学时，当看到一个优美对称的图形，一个代数轮换对称式，不也为这些图形和算式的对称协调而赏心悦目，充满一种美感吗？

当我们遇到一道数学证明题，它的条件式和求证式都具有对称的形式，而正是由于这种对称美的启示，促使我们采取一种“对称”的手段，而使问题简洁地获证。蓦然回首，我们不也像欣赏一首优美的乐曲一样充满了愉悦之情吗？当然，从数学上得到的满足与对音乐的欣赏相比，需要有更高的数学素养。

如今，数学已成为研究自然科学和社会科学的基础科学。它已渗透到包括文学、音乐、美术、建筑等各个领域之中，在科学技术生产生活等方面也都有数学的用武之地。难怪 20 世纪最伟大的数学家希尔伯特把数学比喻为“一座鲜花盛开的园林”。他鼓励我们去寻幽探胜，去向人们介绍这些奇景秀色，去共同赞美它！

笔者面对“数学美”这浩瀚的海洋，虽难以在这海洋中遨游，但偶涉浅滩，在海滩上拾到了一些精美的贝壳。现将这些贝壳连成小串献给我的同仁们，以期通过我们——数学教师的共同努力，让青少年学生对这些小小贝壳，能从艺术和思维的角度来鉴赏，首先感受到“数学美”，并使他们在美的熏陶下，得到感情的共鸣和思维的启迪，以极大的热情去学习数学、掌握数学、运用数学。

02 黄金分割

2.1 美妙的黄金分割

公元前 500 年，古希腊学者发现了“黄金”长方形，即长方形的长和宽之比为 1.618 最佳（即看起来令人赏心悦目），这个比叫作“黄金分割比”。1.618 的倒数的近似值即为 0.618，这个数被称为黄金分割数，1.618 这个比例值于 1854 年由德国的美学家蔡辛正式定为“黄金分割律”。

这个美妙的比例实质上是将一条单位长的线段分成两段，使$\frac{全段}{大段}=\frac{大段}{小段}$，这就是众所周知的分线段为中外比。

设全线段长为 1，大线段长为 x，则小线段长为$1-x$，于是有$\frac{1}{x}=\frac{x}{1-x}$，解得 $x=\frac{-1\pm\sqrt{5}}{2}$，取其正值 $\frac{\sqrt{5}-1}{2}\approx 0.618$。

中外比（黄金分割比）的作图并不难，如图 2-1 所示，只需取一个直角三角形，它的两条直角边分别为 1 与$\frac{1}{2}$，则斜边为$\frac{\sqrt{5}}{2}$，再将它减去$\frac{1}{2}$的直角边长，得 AD，然后在 AC 上取 $AE=AD$，则点 E 分线段 AC 为中外比（黄金分割比）。

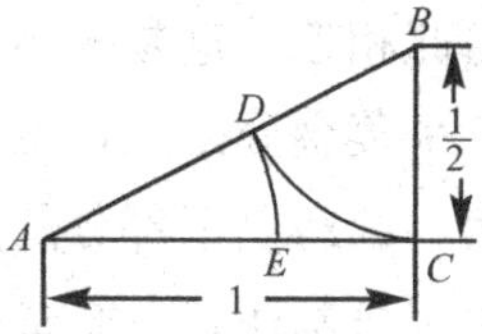

图 2-1

2.2 建筑丰碑与“黄金比”

人类对“黄金分割比”（简称“黄金比”）的应用，可上溯到 4600 年前古埃及建成的最大的胡夫金字塔（图 2-2），该塔高 146 米，底部正方形边长为 232 米（经多年风蚀后，现在高 137 米，边长 227 米），两者之比为 0.629≈5∶8；在 2400 年前，古希腊在雅典城南部卫城山冈上修建的供奉庇护神雅典娜的巴特农神殿，其正立面的长与宽之比为黄金比；于 1976 年竣工的加拿大多伦多电视塔，塔高 553.3 米，而其七层的工作厅建于 340 米的半空，其比为

$$340 : 553 \approx 0.615 \approx 8 : 13$$

胡夫金字塔　　巴特农神殿　　多伦多电视塔

图 2-2　三座“黄金比”的经典建筑

无独有偶，这三座具有历史意义的不同时期的建筑，却不约而同地用到了黄金比，这也许是由于黄金分割比具有非常悦目的美，能使建筑物看来和谐、协调之故吧！

2.3　人体也有黄金分割点

意大利数学家斐波那契曾注意到数学界不屑一顾的“冷门”——人体的黄金分割。他说一般人在人体肚脐上下的长度比值为 0.618∶1 或者与此相近，这是人体上下结构的最优数字。此外，他发现人体结构还有三个黄金分割点，上肢的分割点在肘关节，肚脐以下部分的分割点在膝盖，肚脐以上部分的分割点在咽喉。如果一个人各部分的结构比都符合黄金分割律，便是最标准的体型。这一发现为评价体型优劣提供了科学依据。

2.4　随处可见的黄金分割比

在现代，黄金矩形的造型已深入到家家户户，如写字台的桌面，墙上的挂历、信封，过滤嘴烟盒，单卡收录机，图书室的目录卡……几乎都是黄金矩形，这说明人们对黄金矩形的偏爱。

在自然界，树的一枝上各叶片按螺旋形上升的距离刚好按黄金比排

列，因为这种排列叶片的受光效果最好。从而可启发建筑师设计出使房间接受阳光最充足的新颖高楼大厦。据说有经验的报幕员，不是站在舞台的正中报幕，而是在舞台左边或右边的三分之一处（接近黄金分割点）报幕，这样可取得最佳剧场效果。

这“神奇的黄金分割律”为什么能使得艺术家和数学家都对它“情有独钟”呢？其魅力究竟何在呢？古希腊哲学家、数学家柏拉图说：“美就是恰当。”法国哲学家、数学家笛卡儿说：“美是一种恰到好处的协调和适中。”先哲们的说法，也许就是恰当的解释。

03 数学中的黄金分割美

3.1　五角星图形

我国的国旗、国徽、军旗、军徽都采用了五角星图案（一些其他国家也是如此）。而发现黄金矩形的毕达哥拉斯学派的会徽也是一个五角形，每个会员都佩戴一个五角星标记的徽章。为什么五角星会成为人们喜爱的图形？正五角星图形到底具有哪些美感呢？

五角星的形成来自于大自然（如五角星形花瓣），它也和大自然一样，既有美妙的对称也有扣人心弦的变化。

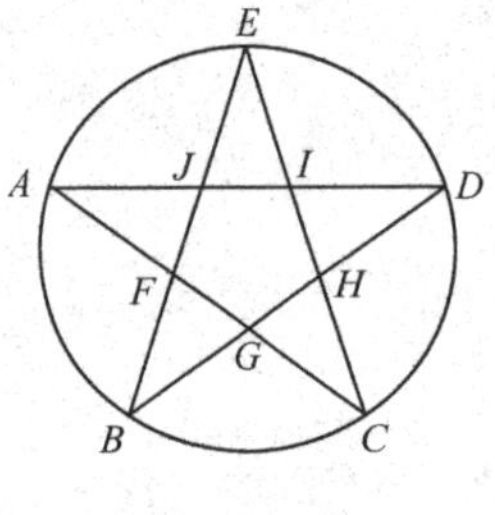

图 3-1

将圆周分成五等分，依次隔一个分点相连，则可一笔画成一个图形，即成一个正五角星形（图 3-1）。首先，在连接的过程中就让人惊异于形成图形的奇妙（奇异的美）；而连成的图形又具有如此明显的对称性（对称的美）！五角星美的核心是五条边相互分割成黄金比（如图中 F、G 是 AC 的黄金分割点）这是一种最匀称的比，能给人产生美的原动力。因此，五角星形具有如此巨大的魅力，成为世人所喜爱的图形。

3.2　黄金图形

请看下面的几种黄金图形。

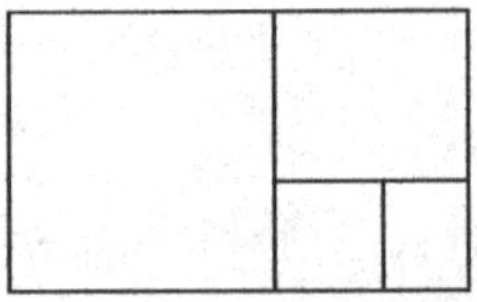

图 3-2

黄金矩形：宽与长之比为黄金数的矩形。对黄金矩形依次舍去所作的正方形，可得到不断缩小的黄金矩形序列（图 3-2）。

黄金三角形：分两类，第一类是底与腰之比为黄金数的三角形，如图 3-3 中所示的△ABC，△BCD，△DEC，……组成不断缩小的三角形序列；第二类是腰与底之比是黄金数的三角形，如图 3-4 中所示的△ABC，△DAB，△EBD，……也组成不断缩小的黄金三角形序列，前述的古埃及胡夫金字塔，其正投影即为此类黄金三角形。

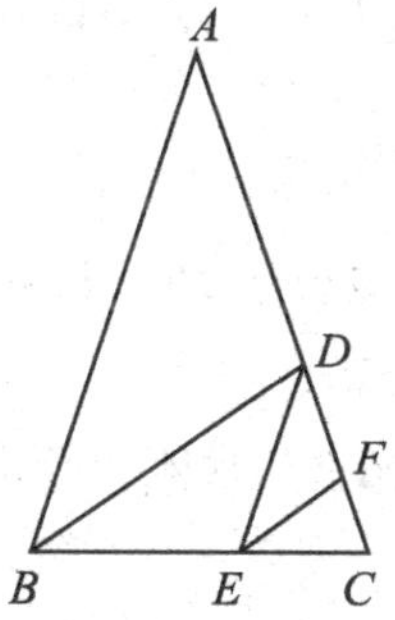

图 3-3

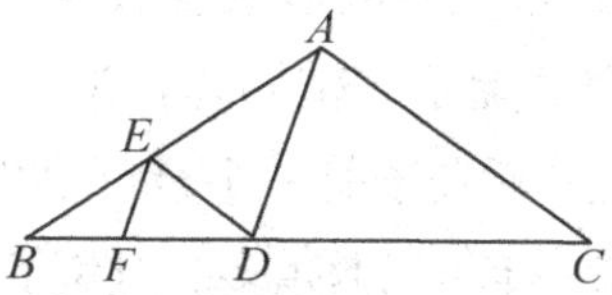

图 3-4

黄金椭圆：短轴与长轴之比为黄金数的椭圆（图 3-5）。它的面积与以它的焦距为直径的圆的面积相等；它的离心率的平方也是黄金数。

黄金双曲线：实半轴与半焦距之比为黄金数的双曲线(图 3-6)。它的离心率的倒数也是黄金数。

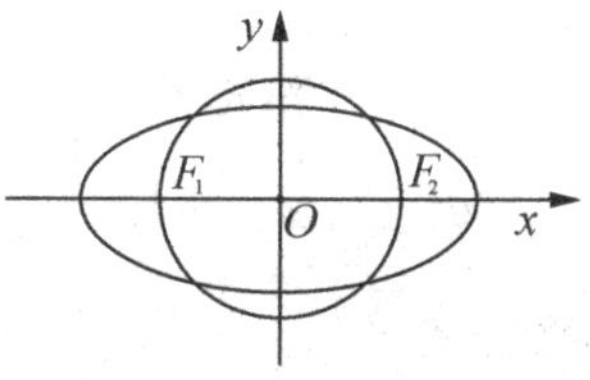

图 3-5

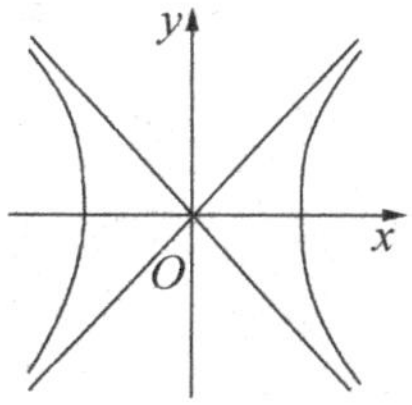

图 3-6

这些黄金图形使人看起来赏心悦目，是同类图形中最和谐、优美的图形。

3.3　将黄金数表示为连分数

由线段的黄金比$\frac{1}{x}=\frac{x}{1-x}$，有 $x^2=1-x$，$x(1+x)=1$，得 $x=\frac{1}{1+x}$。

对等式右边分母中的 x 又以$\frac{1}{1+x}$代替，可得 $x=\cfrac{1}{1+\cfrac{1}{1+x}}$；依次类推，

可得连分数：$x=\cfrac{1}{1+\cfrac{1}{1+\cfrac{1}{1+\cfrac{1}{1+\cdots}}}}$。

这样一个简洁的连分数给人以有序而无穷的印象，使人具有不言而喻的美感，黄金数与连分数之间竟有如此迷人的联系，怎不让人惊叹！

3.4　斐波那契数列

13 世纪意大利数学家斐波那契在他的《算盘经》的修订版中增加了一道著名的兔子繁殖问题，为黄金分割大放异彩。

问题是一对兔子每一个月可以生一对小兔，那么，从刚出生的一对小兔算起，满一年可以繁殖多少对兔子？

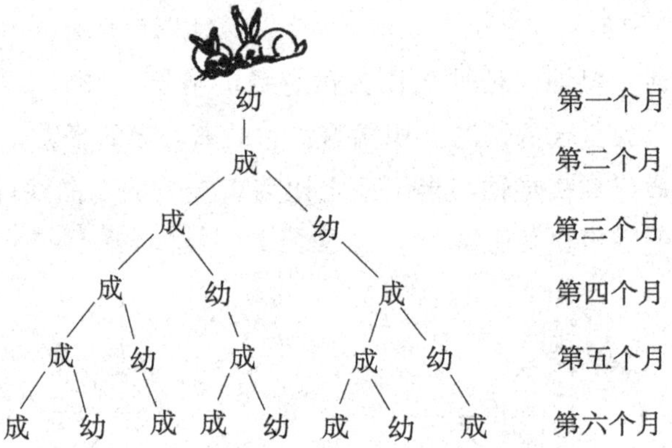

图 3-7　六个月兔子繁殖图

则由第一个月到第十二个月兔子的对数分别是 1，1，2，3，5，8，13，21，34，55，89，144，这个数列称为斐波那契数列。这个数列的一个特点是从第 3 项起，每一项等于它的前两项之和

$$F_n=F_{n-1}+F_{n-2}\qquad(n\geqslant 3)$$

其通项公式为

$$F_n=\frac{1}{\sqrt{5}}\left[\left(\frac{1+\sqrt{5}}{2}\right)^n-\left(\frac{1-\sqrt{5}}{2}\right)^n\right]$$

奇妙的是公式中含有无理数$\sqrt{5}$，而 n 用正整数代入时，所得的结果

却都是正整数；另一出人意料的是，相邻两项的比$\frac{F_n}{F_{n-1}}$，当 n 趋于无穷大时，它的极限恰好是$\frac{\sqrt{5}-1}{2}\approx 0.618$。

斐波那契数列具有特殊、神秘的魅力。难怪近年国外出版了一种《斐波那契数列》杂志，专门发表有关这个数列的新发现和新用途的文章，使得斐波那契数列的研究长盛不衰，生生不息。

04 圆周率记趣

圆周率就是圆的周长与直径之比，1706 年英国数学家琼斯提出用希腊字母“π”来表示圆周率。现在小学生们都知道 π≈3.14159。在中学数学计算中，只需用 3.14 表示 π 就够了。迄今人们用电子计算机已把 π 算到小数点后几亿位，为什么人们要作如此的追求呢？一位德国数学家曾指出：“圆周率的精确度可以作为衡量一个国家数学水平的标志。”这种说法虽然未免有些夸张，但人们对圆周率精确度的追求正是一种智力探索的激励，是人们锲而不舍精神的追求，是一种博大的奋斗之美，也是一种对计算机技术发展的促进。

4.1 人类追求“π”值精确度的旅程

三国时，魏国人刘徽利用“割圆术”算出 3.141024<π<3.142709，后人称 3.14 为“徽率”；南北朝时，南朝人祖冲之于公元 460 年求得：3.1415926<π<3.1415927，后人称 3.141592 为“祖率”；时隔 1000 多年后，法国数学家韦达才于 1579 年求得 π 值为 3.14159265358979323。

17 世纪德国数学家鲁道夫穷毕生之力把圆周率计算到小数点后 35 位；

1946 年一英国大学生与一美国人连契，用手算圆周率至小数点后 80 位；

20 世纪中叶，英国人贤可士用毕生的时间，把 π 值推进到小数点后 527 位；

20 世纪 70 年代，美国人用电子计算机将 π 值算到小数点后 150 万位；

1988 年，日本人金田康正用巨型电子计算机将 π 值算到 2.01 亿位；

1989 年 8 月，美国哥伦比亚大学计算机组将 π 值算到 4.8 亿位；

1989 年 9 月，日本人金田康正用计算机花67 小时 13 分，将 π 值算到 5.3687 亿位。若把这些数字排列起来，可达 1103 公里之遥！

1999 年，日本人金田康正和高桥大介，将 π 值计算到小数点后 2060 亿位；

2009 年，日本人高桥大介将 π 值计算到小数点后 2.5769 万亿位；

2009 年末，法国著名程序员法布里斯·贝拉，已经用超级计算机将 π 值计算出小数点后 2.7 万亿位；

2010 年 8 月，日本男子近藤茂利用自己组装硬盘容量达 32TB 的计算机，将 π 值计算出小数点后 5 万亿位；

而在 2011 年 10 月 19 日，日本著名程序员近藤茂宣布他已经将圆周率 π 计算到小数点后 10 万亿位。

2021 年，π 已经精确至小数点后 31.4 万亿位。

4.2　背诵圆周率的记录

我国著名桥梁专家茅以升，在少年时代就被圆周率迷住了。一次在学校新年晚会上，他表演了一个独特的精彩节目——背诵圆周率到小数点后 100 位。直到 90 岁高龄时，他还和上海一少年比赛背诵圆周率，结果都背诵到了小数点后 100 位，这在当时中外都是罕见和令人叹服的。

2005 年之前，世界上背诵圆周率的“吉尼斯世界纪录”的创立者为日本人友寄英哲。已是 50 多岁的友寄英哲为了能把自己的大名记入《吉尼斯世界纪录大全》内，起早贪黑地背诵，竟能在 3 个小时内背诵圆周率达小数点后 15151 位数字。若把这些数字排列起来，将是 20 页的一本小册子。从此，他居然感到脑细胞越来越活跃，晚上睡觉也很香，甚至连儿童时代的往事也能一件件地记起来了。这说明人的脑子越用越灵，这是毅力的胜利，是锲而不舍精神的胜利，是一种奋斗美和创造之美。

此后，友寄英哲于 1995 年再次创造了无差错背诵圆周率小数点后第 42195 位。

然而在 2005 年 11 月 20 日，西北农林科技大学理学院应用化学专业在读硕士生吕超，经过连续 24 小时 04 分的艰苦努力，无差错背诵圆周率达到小数点后第67890位，打破了“背诵圆周率”吉尼斯世界纪录，并于2006年10月26日领取了吉尼斯世界纪录证书（图4-1）。在背诵圆周率的吉尼斯纪录历史上，第一次留下了中国人的名字。

图4-1　吕超领取吉尼斯世界纪录证书

4.3　记忆圆周率的“诀窍”

解放前，浙江省某处山下有一所小学校，校内有一名数学教师经常和山顶上庙内的一名和尚喝酒下棋。有一次，他布置学生背诵圆周率，要求背到小数点后22位，即

3.1415926535897932384626

背不出来的就要打手板。谁知等他喝酒下棋之后回来，学生们都能背诵出来。教师很奇怪，后查得原来是一名聪明的学生把先生喝酒的事用谐音编成了一个故事。故事情节是：

山巅一寺一壶酒，尔乐苦煞吾，把酒吃，酒杀尔，杀不死，乐
3 . 1 4 1 5 9　2 6 5 3 5　8 9 7　9 3 2　3 8 4　6

尔乐！
2 6

记住了情节，就记下了小数点后22位圆周率的数字。

后有人还继续用谐音补上了背诵圆周率到101位的情节：

死珊珊，霸占二妻。救我灵儿吧！不只要救妻，一路救三舅，救三
4 3 3　8 3 2 7　9 5 0 2 8　8 4 1 9 7　1 6 9 3 9　9 3

妻。我一拎我爸，二拎舅（其实就是撕我舅耳）三拎妻。不要溜！司令
7　5 1 0 5 8　2 0 9　7 4 9 4 4 5 9 2　3 0 7　8 1 6　4 0

溜，儿不溜！儿拎爸，久久不溜！饿不拎，闪死爸，而我真是饿
6　2 8 6　2 0 8　9 9 8 6　2 8 0　3 4 8　2 5 3 4 2

矣！要吃人肉？吃酒吧！
1　1706　798

4.4 用 0～9 十个数码凑 π 的近似值

用 0，1，2，…，9 这十个数码组成一个分数，要求不重不漏，而且分子、分母各五个数码凑 π 的近似值，下面给出八个结果

$$\frac{76591}{24380}\approx 3.14155045119$$

$$\frac{39480}{12567}\approx 3.14156123179$$

$$\frac{95761}{30482}\approx 3.14155895282$$

$$\frac{97468}{31025}\approx 3.14159548751$$

$$\frac{37869}{12054}\approx 3.14161274265$$

$$\frac{95147}{30286}\approx 3.14161658852$$

$$\frac{49270}{15683}\approx 3.14161831282$$

$$\frac{83159}{26470}\approx 3.14163203626$$

希望青少年朋友能找到更精确的 π 的近似值。

4.5 用 π 表示整数

许多人认为 π 是宇宙的基石，如同建造房屋的钢筋、水泥一样。如果运用适当的记号，一切整数都可通过为数最少的 π 予以表达。如果除了常见的四则运算与乘方、开方之外，准许使用“取整”记号[ ]，即 $[a]$ 表示小于实数 a 的最大整数，如 $[7.55]=7$，$[\pi]=3$，您能用三个 π 来表达自然数 17，18，19 和 20 吗？

经过思索和试探后是可以做到的，答案如下

$17=[\pi\cdot\pi\cdot\sqrt{\pi}]$，$18=[\pi]\cdot[\pi+\pi]$，

$19=[\pi(\pi+\pi)]$，$20=\left[\frac{\pi^{\pi}}{\sqrt{\pi}}\right]$

朋友们，您还能想到其他整数的表达式吗？

4.6 圆周率中的数字的奇异排列

将 π 值计算到上亿位后，在这一长串的数字中，会出现哪些特别的现象呢？有人对计算到 1.33554 亿位的 π 值进行分析和统计，发现小数点后的 1000 万位内，同一数字连续六个排在一起的事发生了 87 起；在小数点后的 24658601 位起，连续出现了 9 个“7”，连续出现数字“6”或“8”的情形也有，而同一数字连续出现九次的几率为一亿分之一。

与 π 的前八位数 3.1415926 有相同顺序的排列出现过 1 次，与 π 的前七位数 3.141592 有相同顺序的排列出现过 4 次，与 π 的前六位数 3.14159 有相同顺序的排列出现过 6 次。

π 值所隐藏的规律是如此的丰富多彩，因而促使人们对 π 的规律性的研究欲罢不能。数学家欧仁·萨拉明于 1976 年发表论文《利用算术平均数与几何平均数计算 π 的新方法》，例如，当 n=22 时，即可算到 π 值的 11 445 209 位有效数字，可见 π 值的分布规律，已开始为人们所认识。

圆周率像一首朦胧的诗，像一曲悠扬的乐章，又像一座入云的高山，让人遐想，让人陶醉，更让人奋进、攀登不息！

4.7 两首圆周率谐音长诗

1.《圆周率爱情诗》

苏州人李相呈把圆周率看成是祖冲之的一首爱情诗，是祖冲之一个未完成的爱情故事。从 2006 年 7 月至 2008 年，他已将圆周率小数点后的 1386 位数字按照谐音编写成了一首祖冲之的《圆周率爱情诗》。该诗分为四部曲，即：第一曲：爱的伤痛；第二曲：复圆之旅；第三曲：爱注圆心；第四曲：圆满乾坤。

因一千多字的《圆周率爱情诗》篇幅过大，现只录每一曲的前四句如下：

第一曲　爱的伤痛

（诗句	对应数字）
伤定伊始忆吾旧	3.14159
爱路吾深误	26535
布鹃雀鸠深爱甚	8979323
步施遛爱路	84626

第二曲　复圆之旅

（诗句	对应数字）
娟书旧室留三卷	9494639
无量爱思寄深情	5224737
忆旧涟起恋爱意	1907021
吃酒发露痛旧事	7986094

第三曲　爱注圆心

（诗句	对应数字）
领箭吾儿忘情爱	0952572
令伊林路武	01065
射靶五发如神儿	4858632
泣拜伯乐吾	78865

第四曲　圆满乾坤

（诗句	对应数字）
爱	2
无声	53
神波儿	382
思生灵痛	4300

据称于2009年9月9日，李相呈完成了圆周率小数点后的5010位的祖冲之《圆周率爱情诗》初稿。今录最后四句如下：

（诗句	对应数字）
举酒方步波浪筏	9988868
情诗意深爱融冬	7413260
诗情爱意温若酒	4721569

悟圆融而洒酒露　5162396

2.《山颠妖肆传奇》

郑州退休老人孟和平，退休前是郑州日报社的主任编辑。孟和平在研究圆周率时，发现了圆周率前3140位数字的谐音竟能读成一首中国最长的五言叙事诗。这是一首充满神话色彩意境优美的长篇叙事诗，诗句按五言一句，每一百位为一段，共32段（最后一段为40位）。

诗名之为“山颠妖肆传奇”，“山颠妖肆”是3.14的谐音。说的是山顶酒肆里有九位相貌妖艳的舞女，因小事不欢而散，各奔东西，后来又相聚另一家酒肆里，最终不计前嫌，一同开怀畅饮。整个故事按照“山顶酒肆、美男遇舞女、游玩遇险、英雄救美、恋爱婚庆、遇见故交、大结局”的情节发展，刻画了近60位人物，同时还出现了山东梁山、四川宜宾、大巴山等十几处地名。让你在欣赏诗歌的同时，也欣赏一个优美而离奇的故事，进而轻松记住圆周率3140位数字。

诗文中有多处美景、美人、美舞的描写，可以看作优美的小诗，诗句和意境都很美。然而整个故事又是连贯的。

如：

山景如画

（诗句　对应数字）

三山四时绿　33446

白雾满山舞　85035

来路到酒山　26193

摇摇摆摆树　11881

这四句诗则描写了一处造酒基地是一个风景优美的所在：三座山岭四季常青，白云如雾满山飘舞。从奇酒吧到酒曲山的一条路上，两边绿树成荫，摇摇摆摆，婀娜多姿，奇美无比。

又如：

美人美舞

（诗句　对应数字）

美人到一溜　32116

舞美似赐酒　53449

别怪惹动人　87202

齐呼舞够乐　75596

这四句诗描写了一群舞女跳舞的美丽动人情景：美人到了一大溜，

跳起的舞蹈如同赐给观众美酒一般，令人如醉如痴。不要怪这些美人太惹人、动人，只听观众席中一片赞扬，齐呼这样的舞蹈真够味，真是极大的享乐。

诗文中的整个故事是连贯的，许多有哲理、有人情、有美景的描写，令人拍案称奇。

2013 年底，《山颠妖肆传奇》由海燕出版社出版（图 4-2），前后历时八年，可谓“八年磨一剑”。书本内容由原诗、数字、译文、评介文章和插图综合成书，独特而新颖。这是我国一部具有首创性的特殊形式的科普著作，也是世界上第一部取材于圆周率数字的长篇叙事诗歌。

图 4-2 《山颠妖肆传奇》

05 数学在艺术中的应用

近数十年来，在我国和欧美许多国家出现了一种应用数学方法研究艺术的思潮。数学与艺术究竟有什么联系？数学又如何用之于艺术？本篇仅就数学与音乐、数学与绘画略予叙述。

5.1 数学与音乐

音乐是心灵和情感在声音方面的外化，数学是客观事物高度抽象和逻辑思维的产物。那么，“多情”的音乐与“冷酷”的数学也有关系吗？我们的回答是肯定的。甚至可以说音乐与数学是相互渗透、互相促进的。请看下面的事实：

孔子说的六艺“礼、乐、射、御、书、数”，其中“乐”指音乐，“数”指数学。即孔子就已经把音乐与数学并列在一起。

我国的七弦琴（即古琴）取弦长 1 的 7/8，5/6，4/5，3/4，2/3，3/5，1/2，2/5，1/3，1/4，1/5，1/6，1/8 得所谓的 13 个徽位，含纯率的 1 度至 22 度，非常自然，是很理想的弦乐器。我国著名古琴家查阜西早就指出，要学好古琴，必须对数学有一定素养。

世界著名波兰作曲家和钢琴家肖邦很注意乐谱的数学规则、形式和结构，有位研究肖邦的专家称肖邦的乐谱“具有乐谱语言的数学特征”。

1731 年大数学家欧拉写成专著《建立在确切的谐振原理基础上的音乐理论的新颖研究》，是一本力作，在数学和音乐两方面都下了不少工夫，以致使后世有些专家认为，这本书对数学家“太音乐化了”，而对音乐家又“太数学化了”而欧拉的另一篇《关于和谐音与整数的关系》的论文，表现了数学家对音乐的关心和研究。

1970 年我国著名琵琶演奏家刘德海决心运用“优选法”，寻找在琵琶每根弦上能发出最佳音色的点，不久，华罗庚教授用数学方法帮助他解决了这一难题，在弦长的 1/12 处，弹出的声音格外优美动听。1980 年 5 月在全国琵琶演奏会上，几十位演奏家听了“最佳点”的演奏后，都认为数学与音乐之间可能有一种深奥的内在联系。

1952 年 12 月在武汉召开的全国聂耳、冼星海作品研讨会上，武汉音乐学院院长童忠良宣读了一篇引人注目的论文，题为《论义勇军进行曲的数列结构》，该文整个建立在数学理论基础上，先后讲述了黄金分割、华罗庚的 0.618（优选法）、斐波那契数列，并据此分析了《义勇军进行曲》的曲式结构，从而提出了一种突破传统式结构理论的观点，即其文所称的“长短型数列结构”体制。该文引起的轰动不仅在于聂耳的杰作及论文本身的新颖，更在于引起音乐工作者的思考：要改变自身的知识结构，需要充实一些科学知识，包括数学知识。

数学的抽象美，音乐的艺术美，经受了岁月的考验，进行了相互的渗透。如今，有了数学分析和电脑的显示技术，眼睛也可辨别音律，这些成就是多么激动人心啊！对音乐美更深奥秘的认识，至今还缺乏更合适的数学工具加以探究，这还有待于音乐家和数学家今后的合作和努力。

5.2　数学与绘画

在数学与绘画之间，似乎没有明显的相似之处，但数与形的概念可以上溯至远古的石器时代。数（shù）起源于数（shǔ），先民们把现实对象（野牛、野猪、羊、鹿……）的轮廓线抽象出来绘在壁上，并用代表不同意义的符号记录牲畜的头数和发生的各类事情，这些原始绘画和记号已具有几何对称的特征和一定的数的意义。

怎样在二维的平面画布上，反映三维空间的实体？自古以来成了画家的难题。1435 年阿尔伯蒂写作《绘画论》一书，其主要观点是艺术的美应与自然相符，数学是认识自然的钥匙，他希望画家通晓全部自然艺术，更希望他们着重精通几何学。因此，这本书的理论基本是论述绘画的数学基础　　透视学。从而得出：“远小近大，远淡近浓，远低近高，远慢近快”的一些定性的结论。意大利文艺复兴时期的著名画家达·芬奇利用数学原理，通过对透视理论的研究，使素描艺术达到前所未有的发展，成为闻名于世的一代艺术宗师。他说："任何人的研究，如果没有经过数学的证明，就不能认为是真正的科学。"

我国绘画大师徐悲鸿说得好："艺术家与数学家同样有求实的精神，研究科学，以数学为基础；研究美术，以素描为基础。"而素描又是以透视学（数学）为基础的。

从抽象派艺术大师毕加索的不少作品中，可以看到几何图形描绘对象的手法，把形体变成由重叠的或透明的几何面块所组成的抽象构图。

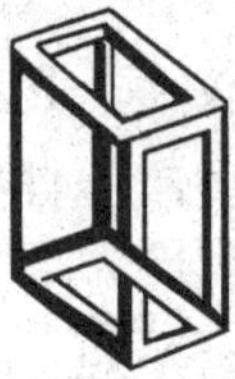

图 5-1

有趣的是由荷兰著名画家埃舍尔创作了一个三维空间不可能的图形（图 5-1），却被作为 1981 年在奥地利举行的第 10 届国际数学家大会的会标。画家也是几何学家，是有意不遵守透视学等基本原理而造成错觉，致使画中谬误百出、引人发笑，他的作品以其深刻的数学、物理含义得到科学家的敬重。

近代计算技术已将数学与美术这两者紧密地结合起来，从而形成了一门崭新的边缘学科——分形几何学。1980 年当计算机的图形功能日趋完善的时候，数学公式所具有的美学价值被芒德勃罗所发现，这就打开了数学美术宝库的大门，使常人也有幸目睹了数学公式所蕴藏的美学内涵。由一些简单的数学公式经过上亿次迭代计算所产生的数学美术作品，美在似与不似之间，从而为观众留下了丰富的想象余地。

如今，电脑还可以当场临摹实物或作品，并可根据实物自行改变大小进行组合形成局部图案，再自动拓展设计出复杂的图案，广泛用于印染、针织、装潢，巧妙鲜艳。20 世纪末一门新的艺术形式——电脑美术出现了，它的产生为许多领域的艺术创作拓宽了新的空间。许多复杂的绘制过程和难以得到的视觉效果，在电脑中变得轻而易举，它不仅极大地丰富了当代视觉艺术世界，而且有助于人类精神与情感的沟通。

06 数学与文学

6.1 文学与数学的结合

文学与数学看似风马牛不相及的两条道上跑的车，实则文学与数学有着奇妙的同一性，先看几位著名文学家关于文学与数学的远见卓识：

雨果说："数学到了最后阶段就遇到想象，在圆锥曲线、对数、概率、微积分中，想象成了计算的系数，于是数学也成了诗。"

福楼拜说："越往前走，艺术越要科学化，同时，科学也要艺术化，两者从山麓分手，又在山顶汇合。"

哈佛大学的亚瑟·杰费说："人们把数学对于我们社会的贡献比喻为空气和食物对生命的作用，我们大家都生活在数学的时代——我们的文化已'数学化'。"

我国著名科学家钱学森提出，现代科学六大部门（自然科学，社会科学，数学科学，系统科学，思维科学，人体科学）应当和文学艺术六大部门（小说杂文，诗词歌赋，建筑园林，书画造型，音乐，综合）紧密携手，才能有大的发展。

文学与数学的同一性来源于人类两种基本思维方式——艺术思维与科学思维的同一性。文学是以感觉经验的形式传达人类理性思维的成果，而数学则是以理性思维的形式描述人类的感觉经验。文学是"以美启真"，数学则是"以真启美"，虽然方向不同，实质则为同一。而文学与数学的统一归根到底是在符号上的统一，数学揭示的是隐秘的物质世界运动规律的符号体系，而文学则是揭示隐秘的精神世界的符号体系。一为重建世界的和谐，一为提高人类的素质。

人类文明经历了两次分化——艺术与科学的分化及艺术、科学本身的分化。如今又在进行两次综合——艺术本身的综合、数学本身的综合及文学（艺术）与数学（科学）的综合。

6.2　数学在文学中的应用

《数学——科学的皇后和仆人》一书的作者，美国著名的数学家倍尔的“倍尔数”与诗词有着奇妙的联系，应用倍尔数可以算出诗词的各种押韵方式，这在大诗人雪莱的《致云雀》及其他名家的许多诗篇中得到验证。

美国大数学家伯克霍夫曾发表《美学的数学原理及其在诗和音乐中的应用》的演讲集，表现了数学家对诗和音乐的关注。

我国律诗的平仄变化错综复杂，难以掌握，但如果从数学观点去认识，却是一种具有简单运算规则的数学模式，其中蕴涵着一种数学美。任何一种平仄格式都可化为一个数学矩阵，律诗和绝句的平仄矩阵共有16个，可归纳成一个律诗平仄的数学公式，为学习和掌握律诗和绝句的各种平仄格式提供了一个可行的方法。可惜我国懂律诗的诗人中懂数学的人不多！

复旦大学数学家李贤平把《红楼梦》120回当作一个整体，以回为单位，从中挑选47个常用字（由于字的使用频率与作品的风格有直接关系）输入计算机，并将其使用频率绘成图形，从中可以看出不同作者的创作风格。据此，他提出了《红楼梦》成书新说：是佚名作者作《石头记》，曹雪芹“批阅十载，增删五次”，将自己早年所作《风月宝鉴》插入《石头记》，定名为《红楼梦》，而程伟元、高鹗是全书整理的功臣。

6.3　数学家与诗

在人们心目中，大凡数学家日日夜夜痴迷于数学，时时都在和数学打交道。其实，不少数学家的爱好是相当广泛的，他们不仅爱诗、读诗、背诗、吟诗，而且也会写诗。下面引用几位著名数学家的诗作，表明他们不但是第一流的数学家，同时也具有深厚的文学功底，在他们身上数学与文学已经熔于一炉。

曾任美国数学学会主席、获世界最高数学奖——沃尔夫奖的数学大师陈省身教授，1980年在中科院的座谈会上即席赋诗：

物理几何是一家，一同携手到天涯，
黑洞单极穷奥秘，纤维联络织锦霞。

进化方程孤立异，曲率对偶瞬息空，
筹算竟得千秋用，尽在拈花一笑中。

把现代数学和物理中最新概念纳入优美的意境中，讴歌数学的奇迹，毫无斧凿痕迹。

数学家熊庆来是华罗庚的恩师，也是杨乐、张广厚的导师，当杨乐宣读完自己的第一篇论文时，熊教授即席赋诗赞美：

带来时雨是东风，成长专长春笋同。
科学莫道还落后，百花将见万枝红。

华罗庚教授也是一位能诗能文的大家，他的名句“聪明在于勤奋，天才在于积累”和“勤能补拙是良训，一分辛苦一分才”，早已成为人们的座右铭，他曾为青年一代题了一首劝勉诗：

发奋早为好，苟晚休嫌迟。
最忌不努力，一生都无知。

倡导“理工科学生应该学些文学”的全国政协副主席、著名数学家和数学教育家苏步青教授，曾发表数学论文150篇，他把业余时间的诗作结集为《原上草集》，其序诗曰：

筹算生涯五十年，纵横文字百余篇。
如今老去才华尽，犹盼春来草上笺。

笔者偶亦涉猎诗词，1996年3月惊悉著名数学家陈景润院士逝世，感慨系之，因成七律一首以为悼念：

悼陈景润院士

“猜想”沉迷痴亦狂，常人不解谓神伤。
哥峰攀越顶巅近，数国遨游物我忘。
院士辛劳终积疾，心灵化蝶仍飞忙。
“明珠”终究归谁摘？留与世间费思量！

1999年10月笔者获第四届“苏步青数学教育奖”一等奖。在颁奖大会发言中，笔者曾赋诗一首：

获“苏步青数学教育奖”一等奖喜赋

有幸中年步杏坛①，青灯敬业未偷闲。
数园探美寻幽境， 教术求新上艺山。
辛苦耕耘期有得， 创新意识觉尤难。
谆谆长记苏公语， 原草春翻笔下澜。

6.4 数学家的妙对

1981年4月，华罗庚到中国科学技术大学（以下简称“科大”）讲学，同去的有张广厚、王元等著名数学家。4月的合肥，正是春光明媚，鸟语花香的季节。华先生一行住在风景如画的“稻香楼”里朝南的一个小院子里，科大还专门派了一位医生倪女士照顾华先生。

华先生在科大生活很愉快，每天傍晚有同住的数学家陪他散步、聊天，也说说笑话。一天，华先生在住处，突然诗兴大发，他看着倪医生笑着对大家说：“我出一个对子，你们来对一下：妙人儿倪家少女”。

这个对子很难，其中“妙”字拆成了“少女”，“倪”字拆成了“人儿”，又与倪医生相应对。大家想了许久，实在想不出下联，最后还是由华先生自己说出了下联：“搞弓长张府高才”。

其中“搞”字拆成了“高才”,“张”字拆成了“弓长”，却正好又对着在座的数学家张广厚。大家惊叹不已，赞赏对联之妙。

① 笔者40周岁才从事中学数学教学，故有“有幸中年步杏坛”之说。

07 别具韵味的数字诗

著名作家秦牧在其名著《艺海拾贝》中辟有“诗与数学”一节，认为数字入诗，显得“情趣横溢，诗意盎然”。数字入诗，别具韵味，闪烁着迷人的光芒，给人以美的享受和隽永的印象。

7.1 连用 10 个“一”的诗

清代女诗人何佩玉擅长作数字诗，她曾写过一首诗，连用了十个“一”，但不给人以重复的感觉：

一花一柳一点矶，一抹斜阳一鸟飞。

一山一水一中寺，一林黄叶一僧归。

勾画了一幅“深秋僧人晚归图”。

而清代陈沆的一首诗，更勾画了一幅意境幽远的渔翁垂钓图：

一帆一桨一渔舟，一个渔翁一钓钩。

一俯一仰一场笑，一江明月一江秋。

7.2 用一至十这 10 个数词的诗

一去二三里，烟村四五家。

亭台六七座，八九十枝花。

巧妙地运用了一至十这十个数词，为我们描绘了一幅自然的乡村风景画。

当代台湾学者张永明先生是福建武平人，自幼聪敏，七岁能诗，被称为“武平才子”，曾写过一首含有一至十和百、千、万 13 个数词的诗：

百尺楼前丈八溪，四声羌笛六桥西。
传书望断三春雁，倚枕愁闻五夜鸡。
七夕一逢牛女会，十年空说案眉齐。
万千心事肠回九，二月黄鹂向客啼。

解放前，法币天天贬值，物价一日数长，重庆一家晚报登过一首描绘小学教师饥寒交迫生活的诗：

一身平价布，两袖粉笔灰。
三餐吃不饱，四季常皱眉。
五更就起床，六堂要你吹。
九天不发饷，十家皆断炊。

下面分别是一至十起头的唐诗名家集句，颇有韵味：

一片冰心在玉壶（王昌龄），两朝开济老臣心（杜　甫），
三军大呼阴山动（岑　参），四座无言星欲稀（李　颀），
五湖烟水独忘机（温庭筠），六年西顾空吟哦（韩　愈），
七月七日长生殿（白居易），八骏日行八万里（李商隐），
九重谁省谏书函（李商隐），十鼓只载数骆驼（韩　愈）。

7.3　以数词作对的佳句

骆宾王：　　百年三万日，一别几千秋。
　　　　　　万行流别泪，九折切惊魂。

数的抽象概念，在此大放异彩。

杜　甫：　　两个黄鹂鸣翠柳，一行白鹭上青天。
　　　　　　窗含西岭千秋雪，门泊东吴万里船。

在这里数字深化了时空的意境。

李　白：飞流直下三千尺，疑是银河落九天。

表现了高度的艺术夸张。

柳宗元：千山鸟飞绝，万径人踪灭。

表现出数字具有尖锐的对比和衬托作用。

岳　飞：三十功名尘与土，八千里路云和月。

陆　游：三万里河东入海，五千仞岳上摩天。

两者都同具壮怀激烈。

白居易：一丛深色花，十户中人赋。

揭露了当时统治阶级的穷奢极欲。

李商隐：一条雪浪吼巫峡，千里火云烧益州。

描绘了川中壮丽的景色。

赵　嘏：一千里色中秋月，十万军声半夜潮。

极尽了中秋钱塘潮的天下奇观。

宋无名氏：草铺横野六七里，笛弄晚风三四声。

一幅黄昏景色，颇具抒情意味。

毛泽东：坐地日行八万里，巡天遥看一千河。

表现了作者宏伟的气势。

毛泽东：斑竹一枝千滴泪，红霞万朵百重衣。

数的对仗工整自然。

7.4 题苏东坡《百鸟归巢图》诗

苏东坡是北宋著名的文学家，诗、词、文乃至琴、棋、书、画无一不精。他的诗清雅奇丽；他的文如行云流水，有一泻千里之势；他的词豪健纵放；他的画浓淡有致，形神兼备，但传世之作不多见，而《百鸟归巢图》却一直为世人所珍藏。百鸟神态各异，栖飞各得其所，在晚霞的映照下显示出了大自然的舒适与和谐。奇怪的是，画中没配诗词，似苏东坡这样一位文学大家，没有诗词配画，岂非美中不足！

相传清代某公珍藏此《百鸟归巢图》，为弥补画缺诗的遗憾，特请诗人伦文叙[①]题诗。伦文叙审视该画良久，挥毫写出了颇富数学情趣的配诗："天生一只又一只，三四五六七八只。凤凰何少鸟何多，鸟去鸟来山色里。"

其妙在于，首句"一只又一只"为两只，第二句为 $3\times4+5\times6+7\times8$，共 98 只，两句之和正好为 100 只，与"百鸟"之题相切。而后两句有如奇峰突起，表达了对文冠三江的苏学士的崇敬。

① 伦文叙乃清代乾隆年间状元，出生在广东南海县。有"鬼才"之称。自幼聪慧，善于吟诗拟对，有急才且又诙谐。

7.5 卓文君的数字镶嵌相思诗

古人将数词入诗，成为佳话，而将数词用在书信中，其表情达意又另有一番滋味。

相传西汉时，卓文君与司马相如成婚不久，司马相如便辞别娇妻去京城做官。痴情的卓文君朝思暮想，等待着丈夫的“万金”家书。殊不知等了5年，等来的却只是一封写着“一二三四五六七八九十百千万”的数字家书。聪颖过人的卓文君当然明白丈夫的意思，家书中数字无“亿”，表示丈夫已对她“无意”了，只不过没直说罢了。卓文君知丈夫已移情另有所爱，既悲且愤又恨，当即复书如下：

> 一别之后，两地相思，只说是三四月，又谁知五六年，七弦琴无心弹，八行书无可传，九连环从中折断，十里长亭望眼欲穿。百思想，千系念，万般无奈把郎怨。
>
> 万语千言道不尽，百无聊赖十凭栏。九重登高看孤雁，八月中秋月圆人不圆。七月半，烧香秉烛问苍天。六伏天，人人摇扇我心寒。五月里，榴花如火偏遇阵阵冷雨浇。四月间，枇杷未黄我欲对镜心意乱。三月桃花随水流，二月风筝线儿断。噫！郎呀郎，巴不得下一世你为女来我为男。

在卓文君的复信里，由一写到万，又由万回到一，写得明白如话，声泪俱下，悲愤之情跃然纸上，司马相如看了诗信，被深深打动了，激起了对妻子的思念，终于破镜重圆。

7.6 华罗庚的妙对

1953年，中国科学院组织出国考察团，由著名科学家钱三强任团长，团员有华罗庚、赵九章等十余人，途中闲暇无事，少不了谈古论今，纵论科学史上的是非得失。这时，著名数学家华罗庚即景生情，提出上联一则：“三强韩赵魏。”

这里的“三强”，说的是战国时期韩、赵、魏三个强国，却又隐喻着代表团团长钱三强的名字，这就不仅要解决数学对联的传统困难，而且要求在下联中嵌入另一位科学家的名字。华老上联一出，在座的人都大费踌躇，不知所对，过了一阵，只见华老不慌不忙地续出了下联：

“九章勾股弦。”

《九章算术》是首次记载我国数学家发现勾股定理的数学名著，而且，这里的“九章”又恰好是代表团的团员，大气物理学家赵九章的名字。这样，华老这则妙对，开辟了数学对联的近代先例，在座的科学家无不叹服。

7.7 有趣的茶诗

唐代诗人元稹曾写过一首咏茶的宝塔诗，堪称独具一格，这首诗名叫《一字至七字诗·茶》：

茶，
香叶，嫩芽。
慕诗客，爱僧家。
碾雕白玉，罗织红纱。
铫煎黄蕊色，碗转麴尘花。
夜后邀陪明月，晨前命对朝霞。
洗尽古今人不倦，将知醉后岂堪夸。

这种形式在诗中是非常少见的。宝塔诗为一种杂言诗体，原称一字至七字诗，从一字句到七字句，或选两句为一韵。后又增至十字句或十五字句，每句或每两句字数递增，形如宝塔。元稹的这首诗概括了茶的品质、功效，还有饮茶的意境，烹茶、赏茶的过程。全诗构思巧妙，叙述自成逻辑，是茶诗中的精品。

08 数学中的哲理

人们在欣赏优美的数、式和数学图形时，将其与现实生活联系，引入到人们的精神境界中，产生丰富的联想和创造，反映出人们崇高的思想境界和要求，因而产生了风格独特、内涵深刻、语言新颖的数学格言。

数学格言是数学殿堂的一颗放射异彩的明珠。人们将数字语言、数、式和图形赋以新的含义，使之充满了人生哲理和丰富的寓意美，进一步显示了人们的审美观已进入了更高的层次。

8.1 数中的哲理

零和负数

在实数里，负数比零小；在生活里，没有思想比无知更糟。

零与任何数

任何数与零相加减，仍得任何数；光说不做，只能在原地停留。

小数点

丢掉了小数点数值会变大；不拘小节会犯大错误。

相反数

两个相反数，相加等于零；聪明不勤奋，将一事无成。

分数

人好比是一个分数。他的实际才能是分子，而他对自己的估价是分母，分母越大，则分数值越小。

8.2 几何图形中的哲理

水平线

当一个人本能地追求一条水平线时，他体验到了一种内在感，一种合理性，一种理智。

垂直线

人要追随一条垂直线，是由于一种狂喜和激情的驱使，就必须中断他正常的观看方向，而举目望天。

直线

向两边延伸，无始无终，无边无际，代表着果断、刚劲和一往无前的毅力。

曲线

轻快流畅，犹如一条静静流淌的小溪；蜿蜒、曲折，犹如人生历程的轨迹。望着您纤细不倦的身影，却放大成奔腾浩荡的大河和博大幽深的海洋。

螺旋线

知识的掌握，生活的积累，都是沿着螺旋线上升的。

圆形

从各个方向看都是同一个图形，有其完美的对称性，使人产生“完美无缺”的美感和向往。难怪有圆满、圆润、圆通、圆场之说和“花好月圆”的成语。但是“圆滑”一词，却为人们所不爱。

等腰三角形

有扎实、深厚的基础知识功底，才能构建起尖端的科技大厦。

倒三角形

头重脚轻根底浅，如大厦将倾。华而不实的浮夸者，亦有如是的立世后果。

正方形

坦蕴方正，是人格的追求。

8.3 一首数学哲理诗

“点”的自述

我是一个“点”，
曾为自己的渺小而难堪，
对着庞大的宏观世界，
只有闭上失望的双眼。

经过一位数学教师的启发，
我有了新的发现：
两个“点”可以确定一条直线；
三个“点”能构成一个三角；
无数个“点”能构成圆的“金环”。
我也有自己的半径和圆心。

不信，从月球看地球，
也是宇宙间渺小的雀斑。
我欣喜，我狂欢！
谁没有自己的位置？
不！你的价值在闪光，
只是，你还没有发现。

8.4 数学对联中的哲理

下面几副数学对联，既有着数学的含义，又道出了生活的真谛：

加减乘除谋算千秋功业，
点线面体描绘四化蓝图。

恋爱自由无三角，
人生幸福有几何。

磨炼如几何曲线，
幸福似小数循环。

下面是一副数学未知数与英语字母的对联，别具一格。

解放前某大学的一位中年数学教师劳累致死，与其要好的一位英语教师送了这样一副挽联：

为XYZ送了君命，
叫WFS依靠何人。

上联中的X、Y、Z是数学中常用的未知数；下联中的W、F、S分别是英语单词中妻子（wife)、父亲(father)、儿子（son）的第一个字母。

将数学未知数与英语字母融入中国特色的对联，道出了旧社会教师的艰辛。

8.5 数字对联的隐意

相传郑板桥当县令时，常微服暗访，体察民情。有一年春节，他看到一户人家贴了一副稀奇古怪的对联：

二三四五，

六七八九。

横批是：南北

郑板桥看后微微一笑，马上令差人取来白米和衣物送去，主人叩头谢恩。有人问他其中缘由，郑板桥笑着说道："这户人家缺一（衣）少十（食），没有东西（只有南北）过年啊!"众人听了都哈哈大笑，原来是这么回事。

8.6 周总理妙用"一"字

"一"字虽极为普遍，但其所表达的意境却出神入化，绘景、抒情、警示、评说无所不用。

1960年，周总理在观赏京剧《霸王别姬》时，利用"一"字对项羽这个人物作了精辟的评论。当演到项羽不听劝阻，决意出战刘邦时，他说："一言堂"；项羽回宫，虞姬继续规劝仍不听，他说："一家之言"；项羽孤军深入刘邦设下的埋伏圈时，他说："一意孤行"；项羽终于被困垓下，他说："一筹莫展"；虞姬备酒宽慰，项羽悲歌"力拔山兮"时，他说："一曲挽歌"；最后四面楚歌，虞姬自刎，他说："一败涂地"。这里六个"一"概括了项羽失败的全过程，批评了项羽的"孤家寡人"策略，显示了周总理这位政治家的精辟见识和幽默风格。

8.7 鲁迅巧对奇联

鲁迅曾在三味书屋拜寿镜吾老先生为师念私塾，寿老先生是一位刚正、质朴、博学的人，不仅教学生读四书五经，还教学生对对子。由于对联讲究对仗，所以在对对子中，是很能见出才思之高下的。

一天，寿老先生出了一奇对，上联是："独角兽"。

要求他的学生对出下联，一时引得学生们跃跃欲试，纷纷亮出自己的下联，有："两头蛇"；"三足蟾"；"九头鸟"；"百足虫"……

寿老先生看了这些下联，都不满意。由于先生上联"独角兽"中的"独"字，是一非数字而又蕴含"单"意的字，所以下联需用一非数字而又蕴含"双"意的字去对，才称得起是对联中的上乘。当寿老先生看到鲁迅对的下联时，不禁大加赞赏。原来鲁迅所对下联是："比目鱼"。

8.8 对联隐括生平

汉淮阴侯韩信墓前祠庙门上有一副对联：

生死一知己，

存亡两妇人。

这副对联用到了两个数词且对仗工整，同时也概括了韩信生平的两个重要部分。

满腹韬略的韩信，先在项羽部下从军，未被重视，后又改投刘邦麾下，仍未重用。韩信愤而出走，被丞相萧何连夜追回。在萧何的极力推荐之下，刘邦才封韩信为大将，遂建功立业，被封为淮阴侯。汉朝建立后，韩信受到刘邦的猜忌，疑其兴兵造反。而设计诱他入网的，恰恰又是萧何。后人有"成也萧何，败也萧何"之说，这就是上联"生死一知己"的由来。

当初，韩信家贫，食不果腹，一位在河边洗衣的老农妇曾供养他十来天。可是韩信被捕后，把他斩于长乐宫的也是一位妇人——吕后。这就是下联中叹到的"存亡两妇人"的由来。

09 引人入胜的数学诗(中国篇)

数字入诗，使人情趣盎然。而将数学问题融入诗歌之中，由于其寓意较为隐晦，让人深思、遐想，更具迷人光彩。

我国古代有一些数学问题，是以诗歌形式叙述的，是诗人和数学家和谐的统一，形成诗歌海洋中别具一格的浪花，也是数学天空中闪烁的繁星。

9.1 孙子定理

我国古算书《孙子算经》中，有这样一个问题："今有物不知其数，三三数之剩二，五五数之剩三，七七数之剩二，问物几何?"问题颇有猜谜趣味，解法也很巧妙。此题有许多有趣的别名，如"鬼谷算""秦王暗点兵""剪算术""隔墙算""大衍求一术"等。明代数学家程大位在其《算法统宗》里用诗歌概括了这个问题的解法：

三人同行七十稀，五树梅花廿一枝，

七子团圆月正半，除百零五便得知。

它的意思是：将用3除所得余数乘上70，加上用5除所得余数乘上21，再加上用7除所得余数乘上15，结果减去105的倍数，这样便得所求之数。列成算式是

$$70\times2+21\times3+15\times2-2\times105=23$$

1852年，《孙子算经》传入欧洲，人们发现孙子的解法与欧洲著名数学家高斯的定理是一致的，而中国人的研究要早一千多年，于是大家称之为"中国剩余定理"或"孙子剩余定理"。

9.2 百羊问题

在程大位《算法统宗》一书中，有一道所谓的"百羊问题"：

甲赶群羊逐草茂，乙拽肥羊随其后，
戏问甲及一百否？甲云所说无差谬，
若得这般一群凑，再添半群小半①群，
得你一只来方凑，玄机奥妙谁猜透。

据程大位在该书序中说，这题和其他四卷诗歌算题是临江刘仕隆等人预修《永乐大典》时业余编成的。题目解法并不难，只是因以诗歌形式出现，意义不甚明朗。今用代数方程解之，可设原有羊 x 只，据题意，有

$$x+x+\frac{1}{2}x+\frac{1}{4}x+1=100$$

得 $x=36$，故知甲原有羊 36 只。

9.3 李白醉酒

李白自称为酒中之仙。“李白斗酒诗百篇”，“诗”与“酒”都与李白结下了不解之缘。诗成了李白生活中的一部分，而酒却是李白诗兴大发的源泉。后人有《李白醉酒》的数学诗来描述李白饮酒作诗的豪放情景：

李白街上走，提壶去买酒。
遇店加一倍，见花喝一斗。
三遇店和花，喝光壶中酒。
试问壶中原有酒几斗？

说的是李白壶中原有酒，遇店就将壶中的酒加一倍，看到花就作诗饮去壶中酒一斗，这样遇见三次店和花，将壶中的酒喝光了。了解了题意后，便不难计算出原来壶中有酒几斗了。用倒推法，不难算出原来壶中有酒$\frac{7}{8}$斗。列算式如下

$$\left[\left(1\times\frac{1}{2}+1\right)\times\frac{1}{2}+1\right]\times\frac{1}{2}=\frac{7}{8}\text{（斗）}$$

9.4 寺内僧多少

清人徐子云《算法大成》中有一首诗：

① 小半即四分之一。

巍巍古寺在山中，不知寺内几多僧。
三百六十四只碗，恰合用尽不差争。
三人共餐一碗饭，四人共尝一碗羹。
请问先生能算者，都来寺内几多僧。

诗的意思是：三个僧人吃一碗饭，四个僧人吃一碗羹，刚好用了364只碗，请问寺内有多少僧人？

设有 x 个僧人，由题意得 $\frac{x}{3}+\frac{x}{4}=364$，解得 $x=624$（人）

9.5 民间数学诗

其　一

三百七十八里关，初行健步不为难。
脚痛每日减一半，六天才能到其关。
要问每天行里数，请君仔细算周详。

设第一天行 x 里，据题意得方程

$$x+\frac{x}{2}+\frac{x}{2^2}+\frac{x}{2^3}+\frac{x}{2^4}+\frac{x}{2^5}=378$$

解得 $x=192$。

知每天所行里数分别为 192 里，96 里，48 里，24 里，12 里，6 里。亦即每天所行里数组成以 $\frac{1}{2}$ 为公比的等比数列。

其　二

三百六十一只缸，任君分作几船装。
不许一船多一只，不容一船少一缸。

显然，这是一道关于数的开方的诗，可知 $\sqrt{361}=19$，即有 19 条船，每条船装 19 只缸。

10 引人入胜的数学诗(外国篇)

上篇介绍了几首中国的数学诗，无独有偶，在不少外国数学问题中也是以诗歌的形式出现的。现举数首如下：

10.1 爱神的烦忧（古希腊）

爱神爱罗斯正在发愁，
女神吉波莉达问其理由：
“您为什么烦忧，
我亲爱的朋友?”
爱罗斯回答：
“我在黑里康山采回仙果，
路遇九位文艺女神嬉戏抢夺。
叶芙特尔波抢走七分之一，
爱拉托抢得一样多——
七个仙果中拿走一个，
八分之一被达利娅抢走，
比这多一倍的仙果却落入了特希霍拉之手。
美利波美娜算是客气，
二十个仙果中也拿走了一个。
可又来了克里奥，
她的收获为这四倍之多。
波利尼亚拿得最少，
也还有三十个仙果。
最后两位也不空手：
一百二十个仙果归乌拉尼娅，

而卡利奥帕却拿走了三百个之多。
我回家时几乎两手空空，仅给我剩下五十个仙果。”
请您算一算，
爱神爱罗斯当初摘了多少个仙果？

这首诗为诗歌形式的《希腊文集》中的一首。

设爱罗斯当初摘了 x 个仙果，则有

$$\left(\frac{1}{7}+\frac{1}{7}+\frac{1}{8}+\frac{1}{4}+\frac{1}{20}+\frac{1}{5}\right)x+30+120+300=x-50$$

解得 $x=5600$，知爱罗斯当初摘了 5600 个仙果。

10.2 丢番图的墓志铭（古希腊）

数学家丢番图的生平事迹现已无据可考，仅在其墓志铭上可略知一二。其墓碑十分特殊，铭文是一首诗谜：

过路的人！
这儿埋藏着丢番图。
请计算一下下面的数目，
便可知道他多少岁时寿终正寝。
他的一生的六分之一是幸福的童年，
十二分之一是无忧无虑的少年，
再过去七分之一的年程，
他建立了幸福的家庭。
五年后儿子出生，
不料儿子只活到父亲一半的年龄，
竟先其父四年而终。
晚年丧子老人真可怜，
悲痛之中度过了风烛残年！
请您算一算，
丢番图活了多大年龄？

这首墓志铭被数学家麦特劳德尔收入他的《数学问题集》中。他收集了古希腊数学家的许多名题，并以诗歌的形式写成，其手抄本当时曾广为流传，影响颇大。

设丢番图活了 x 岁，据题意得

$$\frac{x}{6}+\frac{x}{12}+\frac{x}{7}+5+\frac{x}{2}+4=x$$

解得 $x=84$，故知丢番图活了 84 岁。

10.3　莲花问题（古代印度）

在波平如镜的湖面，
高出半尺的水面伸着一朵红莲。
一阵风吹过，
将红莲刮得刚好没入水面。
有一位渔翁亲眼看见，
莲花已离伸出水面有两尺远。
请您来解决此问题，
告诉我湖水的深浅？

此题载于古代印度数学家拜斯伽罗的著作之中。这一著作中有不少问题是以诗歌形式写出来的。

设湖深为 x 尺，则莲花高为 $\left(x+\frac{1}{2}\right)$ 尺，由题意得：$\left(x+\frac{1}{2}\right)^2=x^2+2^2$，解得 $x=\frac{15}{4}$，即湖水深 $\frac{15}{4}$ 尺。

10.4　白杨问题（古代印度）

小河旁有一棵白杨，
忽然大风刮起，
吹断了半截白杨，
倒向与河流垂直的方向。
树梢正及对岸，
小河有四英尺宽，
剩下的三英尺是白杨的树干。
请您告诉我，
未断时是一棵多高的白杨。

题目是求树高，设树高 x 英尺，由题意知 $x=3+\sqrt{3^2+4^2}=8$，则知白杨树高为 8 英尺。

10.5 猴子问题（古代印度）

树林中有一群猴子在欢闹，
有总数八分之一再翻一番的猴子，
在树枝上欢乐地蹦跳；
另有十二只猴子摘着果子在愉快地啼叫。
请问树林中的猴子，
总共有多少？

此题亦载于拜斯伽罗的数学书中。其中“八分之一再翻一番”即 $\frac{1}{8}$ 的平方。若以 x 表示所有的猴子的数目，则问题归结为解方程。

即：$\left(\frac{x}{8}\right)^2+12=x$，去分母整理得 $x^2-64x+768=0$。解得 $x=48$ 或 $x=16$。可知树林中的猴子数为 48 只或 16 只。

11 悖论的魅力

11.1 什么是悖论

日本岩波书店《数学百科辞典》关于悖论词条是这样说的：能够导出与一般判断相反的结论，而要推翻它又很难给出正当的根据时，这种论证称为悖论。特别是，如果一个命题及其否定均可用逻辑上等效的推理加以证明，而其推导又无法明确指出错误时，这种矛盾，便称为悖论。即是说，所谓悖论，是指这样的一个命题A，由A出发，可以推出一个命题B，但从这个命题B，却会出现如下自相矛盾的现象：若B为真，则推出B是假；若B是假，又会推出B是真。

11.2 悖论的三种主要形式

(1) 一个论断看起来好像肯定错了，但实际上却是对的（佯谬）；

(2) 一个论断看起来好像肯定是对的，但实际上却错了（似是而非的理论）；

(3) 一系列推理看起来好像无懈可击，可是却导致了逻辑上的自相矛盾。

11.3 悖论存在的意义

悖论是一个涉及数学、哲学、逻辑学、语义学等非常广泛的论题，是一种现时的科学理论体系所解释不了的矛盾。正因为如此，悖论在“荒诞”中蕴涵着哲理，可以给人以启迪，给人以奇异的美感，沿着它所指引的推理思路，可以使您走上一条繁花似锦的羊肠小道，而又使您在不知不觉中陷入自相矛盾的泥潭。但经过破译，将会使您感到回味无穷，并且能从中启发思维，提高能力。逻辑学家赫兹贝格说：“悖论之所以具有重大意义，是由于它能使我们看到对于某些根本概念的理解存在多大的局限性，……事实证明，它是产生逻辑和语言中新概念的重要源泉。”

11.4 悖论举例

1. 上帝全能悖论

甲说：“上帝是全能的。”乙说：“全能就是世界上任何事都能办到。请问：上帝能创造出一个对手来击败他自己吗?”如果说能，则上帝可以被对手击败，并不是全能的；如果说不能，则说明上帝并不是全能的。

2. 唐·吉诃德悖论

著名小说《唐·吉诃德》里描写一个残酷的国王，在他所统治的国家里有一条法律：每个旅游者都要回答一个问题：“您来这里干什么?”如果回答对了，一切事情都好办；如果回答错了，立刻被绞死。

某天，有个旅游者来到这个国家，回答上述问题时他答道：“我是来被绞死的。”如果旅游者回答是对的，按照法律，他就不应该被绞死；如果旅游者回答是错的，按照法律应被绞死，而他的“我是来被绞死的。”这句话显然又是回答对了，也不应该被绞死。最后，国王无可奈何，只得对这旅游者放行。

3. 撒谎者悖论

这是最古老、最重要的语义学悖论之一。这个悖论依欧几里得的叙述形式可以通俗表示为：“我现在所说的这句话是假话”此话到底是真是假? 如果此话为真，则“我现在所说的这句话是假话”为假了；如果此话为假，则“我现在所说的这句话是假话”为真了。

4. 理发师悖论

这是罗素集合悖论的一种通俗说法：萨维尔村里的一名理发师，给自己立了一条店规：“只给自己不给自己刮脸的人刮脸。”那么这位理发师的脸该不该由他自己刮?

如果理发师的脸由他自己刮，则他属于“自己给自己刮脸的人”。因此，理发师不应该给自己刮脸；如果理发师的脸不由自己刮，则他属于“自己不给自己刮脸的人”。因此，他的脸可以自己刮，显然又与上述“自己不给自己刮脸的人”相矛盾。

11.5 认识的挑战

数学史上的三次数学危机，是由三次数学悖论的出现所引起的。1979年美国杰罗姆·马立兹认为几十年来，“悖论至今没有得到圆满的答案”。哥德尔甚至指出“悖论不解决，会使形式逻辑破产”。其实悖论的出现，并不是人类思维的错误或无能，而是某种必然的反映，是科学和理性进步的阶梯。

普里斯特说：“悖论式命题充满着使人惊奇的内容。”在科学的发展过程中，各个领域都出现一些在思维上、推理上不清楚的问题。有的“似是而非”有的“似非而是”，甚至有些是“猜谜”性质的也被称为悖论。如有些数学书刊上出现的一种“数学诡辩题”，问题幽默风趣，往往妙不可言，不仅引人入胜，而且发人深思。每一道数学诡辩题的破译，都可从正反两个方面加深对数学基本概念和基本方法的理解。

悖论不是闲谈的趣闻，它预示着更新的创造和未来。从某种意义上来说，悖论推进了科学的进程，激发了科学家的热情。正如哲学家维特根斯坦早在1930年所指出的：“即使在目前阶段我也要预言，总会有一天出现包含有矛盾的数学演算研究，人们将会感到真正的自豪，因为他们把自己从协调性的束缚中解放出来。”人们对数学美学标准的认识，将会有所突破和创新，到那时，人们对悖论的看法也会是见“怪”不“怪”了。

12 让您开窍的数学题

有一些较为繁难的问题，如果换一个角度去观察，换一种方法去处理，就会变得出人意料的简单。而这种角度、方法的转换，却闪耀着一种智慧之光，使人的思维开窍，获得智慧的启迪。下面谈谈对几个问题的处理方法：

12.1 鸡兔同笼问题

鸡兔共有 17 个头，50 只脚，问有多少只鸡？多少只兔？

这是一道在小学就做过的题。其思考过程是：如果 17 只都是鸡，应当有 34 只脚，现有 50 只脚，比 34 只多了 16 只，是因为有兔。有一只兔，则多两只脚，现在多了 16 只脚，当然是有兔 8 只了。因此，知有鸡 9 只，兔 8 只。

如果是初中生，则用列方程求解很容易。

设鸡 x 只，兔 y 只，则由题意，得

$$\begin{cases} x+y=17 \\ 2x+4y=50 \end{cases}$$

解得 $x=9$，$y=8$。

如果我们"别出心裁"，发"奇思"：令鸡将一只脚抬起，令兔将二前足抬起，则鸡、兔头数不变，而立在地上的脚却减少了一半，为 25 只。因一只鸡是一只脚立地，一只兔是两只脚立地，故知兔数为 $25-17=8$，鸡数为 9。这种"别出心裁"的思考，源于什么呢？如果我们回到小学的思考过程可得公式

$$兔数=\frac{脚数-2\times 头数}{2}=\frac{脚数}{2}-头数$$

可见，这种"别出心裁"的"奇想"是脱胎于小学的原始思考方

法。这难道不应引起我们进一步思考吗?

12.2 猴子分桃问题

1979年春，诺贝尔奖获得者、美籍华裔物理学家李政道在和中国科技大学少年班的同学座谈时，向他们提出了这样一个问题：

这里有一大堆桃子为5个猴子所共有，它们要平均分配。第一只猴子来，它左等右等别的猴子都未来，便动手把桃子分成5堆，还剩下1个，它觉得自己太辛苦了，便当之无愧地把剩下的一个桃子吃掉，又拿走了5堆中的1堆；第二只猴子来，它不知道刚才发生的情况，又把桃子分成5堆，还是多了1个，它也吃掉了这1个，将1堆拿走了。以后，每只猴子来了，都是如此办理。请问：原来至少有多少桃子，最后至少剩多少桃子?

此题一般的解法是：

设原有桃子 x 个，最后剩下 y 个，那么每一个猴子连吃带拿得到的桃子分别为：

第一只猴子得到$\frac{x-1}{5}+1$,

剩下 $x-\left(\frac{x-1}{5}+1\right)=\frac{4(x-1)}{5}$;

第二只猴子得到$\frac{\frac{4(x-1)}{5}-1}{5}+1$,

剩下 $x-\left[\frac{\frac{4(x-1)}{5}-1}{5}+1\right]=\frac{4\left[\frac{4(x-1)}{5}-1\right]}{5}$;

第三只猴子又从剩下的$\frac{4\left[\frac{4(x-1)}{5}-1\right]}{5}$个中吃掉1个，又拿走$\frac{4}{5}$。

由此知，当第五只猴子来过后，已对 x 进行了5次这样的减1剩$\frac{4}{5}$了，这样5次后便得

$$
\begin{aligned}
y&=\frac{4}{5}\left\{\frac{4}{5}\left[\frac{4}{5}\left[\frac{4}{5}\left[\frac{4}{5}(x-1)\ -1\right]-1\right]-1\right]-1\right\}\\
&=\frac{1024(x+4)}{3125}-4
\end{aligned}
$$

即 $$y+4=\frac{1024(x+4)}{3125}=\frac{4^5(x+4)}{5^5}$$

因为 x，y 都是正整数，而 4^5 与 5^5 的公约数为 1，又因为 $y+4$ 是正整数，所以 $x+4$ 一定能被 5^5 整除。这样，可知 x 至少是 $5^5-4=3121$，而 y 至少是 $4^5-4=1020$。

结果虽然出来了，但运算却很繁琐。如果我们能开动脑筋，可得到一种只需用到一点算术知识的方法：

不妨先借给猴子 4 个桃，这不就可以将桃分成 5 堆了嘛。这样：

第一只猴子拿走的 1 堆桃子数，恰好为原来没借给它们时连吃带拿的桃子数；

第二只猴子来时，剩下的桃子仍是多了 5 个，又正好可分成 5 堆。所以，第二只猴子拿到的桃子数也仍与原来连吃带拿一样多；

第三、第四、第五只猴子所得的桃子数与原来也是一样。即每只猴子都拿走当时桃子的$\frac{1}{5}$，剩下$\frac{4}{5}$。而开始有桃子 $x+4$ 个，这样到最后，便剩下$\frac{4^5(x+4)}{5^5}$个桃子，比原来 y 个多 4 个，于是得 $y+4=\frac{4^5(x+4)}{5^5}$，这和前面的结果是一样的。

从对上面两道题的“奇思妙想”的解法中，您一定可以从中感受到数学的美妙和学习数学也是一件有趣的事！

13 神秘的无穷多

13.1 出人意料的结论

我们知道全体整数有无穷多个，全体正整数也有无穷多个。如果有人问您："全体整数和全体正整数都有无穷多个，它们是不是一样多呢?"全体正整数只是全体整数的一部分，难道一部分和全体一样多吗?

事实上全体整数和全体正整数一样多，而且全体正整数和全体正偶数一样多，全体正整数与全体完全平方数也是一样多。

我们知道三角形中位线的长度是底边长度的一半，但是三角形中位线上的点却与底边上的点一样多。不仅如此，而且一条很短线上的点与一条无限长的线上的点也是一样多。更让人吃惊的是：一条只有一毫米（甚至更短些）长的线段上的点与整个空间所包含的点也是一样多。

对以上这些出人意料的结论，我们又怎样去理解呢?

13.2 问题解决的桥梁

初中学生都接触过"集合"的概念。我们称每一组确定对象的全体形成一个集合，集合里各个对象叫作"集合的元素"。由无穷多个元素组成的集合称为"无限集"。自然数集、正整数集、线段或直线所形成的点集等都是无限集。

要比较两个无限集的大小，也就是看这两个集合中的元素哪个多?

虽然我们对两个无限集比较大小没有经验，但对有限集（由有限个元素组成的集合）比较大小却是有办法的——设法建立起两个集合间元素的"一一对应"关系，而我们比较两个无限集元素多少的办法也只能如此：如果两个无限集的元素间能建立起某种"一一对应"关系，我们就说这两个无限集的元素"一样多"。即"一样多"的唯一意义是"可以一一对应”。有了这个定义，则对前面所提出的“出人意料”的结论便可迎刃而解了。

13.3　“出人意料”的结论的图示

现在将前面提出的几个“出人意料”的结论建立起“一一对应”的图示后，就可知道它们之间的元素是一样多了。

（1）全体正整数和全体正偶数一样多。

1	2	3	4	5	…
↓	↓	↓	↓	↓	
2	4	6	8	10	…

（2）全体正整数与全体完全平方数一样多。

1	2	3	4	5	…
↓	↓	↓	↓	↓	
1	2^2	3^2	4^2	5^2	…

（3）全体正整数与全体整数一样多。

1	2	3	4	5	…
↓	↓	↓	↓	↓	
0	1	−1	2	−2	…

（4）三角形中位线上的点与三角形底边上的点一样多（图 13-1）。

（5）一条线段上点与一条直线上的点一样多（图 13-2）。

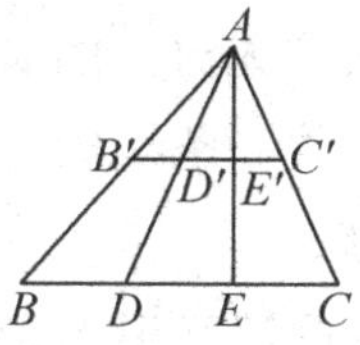

图 13-1

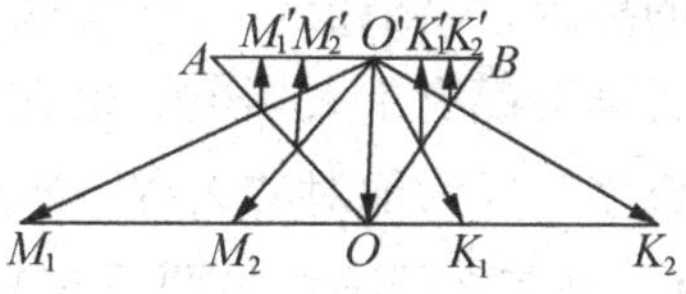

图 13-2

但要建立起一条线段上的点与全空间点的“一一对应”关系就比较复杂些了，在这里不再论述了。

13.4　希尔伯特的“无穷旅店”

大数学家希尔伯特在一次演讲中虚构了这样一个故事：

有一家旅店，设有无穷多个房间，假定每个房间只能住一人，所有的房间都住满了人。这时一位新旅客要一个房间。房主说："不成问题。"他把这位旅客安排在1号房间，把1号房间的客人安排到2号，2号房间的客人到3号，3号房间的客人到4号，……这样就把新来的这位客人安排下了。

但严重的问题来了，一次来了一个"无穷旅行团"，它的成员个数与正整数一样多。这时，刚才的应急措施行不通了，怎么办呢？店主人又有了新招。他请1号房间的客人到2号，2号的客人到4号，3号的客人到6号，……这样所有的奇数号的房间都空出来了，正好安排给这个"无穷旅游团"的成员们住。

如果到了旅游旺季，来了无穷多个"无穷旅游团"，怎么办呢？店主人略加思索，又想出了一条妙计，把无穷多个"无穷旅行团"成员都安排住下了。到底怎样安排下的？留给读者去想一想，当然这要费一番脑筋。

由以上这个虚构的故事，可以看出"无穷"的神奇之处。

13.5 所有的无穷都一样多吗

是否所有的无穷集合间的元素都能建立起"一一对应"的关系？也就是说所有的无穷都一样多吗？事实并非如此，如有理数与无理数都有无穷多个，但有理数与无理数就不一样多。

近代伟大的数学家和逻辑学家康托尔是闯入"无穷王国"的先锋。他所创立的集合论已被公认为现代数学的基础，他对"无穷"的研究在数学上和哲学上都有重大影响。他在1874年证明了"一条线段上的点要比正整数多"成为他对"无穷"研究最重要的贡献。

"无穷"是怎么回事？是两千年来哲学家一直谈论却又说不清楚的事，直至今天人们对"无穷多"的认识还是非常有限的。因为"无限集"与"有限集"有着本质的区别，所以"无限集"也有出乎我们意料，甚至与我们的"常识"相违背的性质。文章起始提出的一些结论和希尔伯特虚构的故事不就是例子吗？"无限"是一块"神秘"的宝地，有许多宝藏等待我们去发掘、开采。由有限到无限是人类认识的一次飞跃，但无限又要通过有限来体现，并加以掌握的。

14 数学灵感与数学发现

14.1 灵感与数学灵感

我国著名科学家钱学森说："灵感，也就是人在科学或艺术创作中的高潮，突然出现的、瞬时即逝的短暂思维过程。"唯物论者也承认灵感，但它不是上帝的恩赐，而是人们在实践活动中逐步形成或培养出来的一种不同常人的高效率、大跨度创造性思维的表现。灵感是紧张的创造性活动和长期艰苦劳动的结果。

数学灵感是人脑对数学对象结构关系的一种突发性的领悟。在解答数学难题时，通常会遇到这样的情况：尽管从多角度、用各种方法去进行探索，但百思不得其解。可正在"山重水复疑无路"之际，灵感出现了，从而创造了"柳暗花明又一村"的美的境界。

14.2 灵感产生的特征

1. 突如其来，转瞬即逝

数学思维中灵感的出现，往往是突如其来的。如机关的触发、空中的闪电、夜晚的流星，在人脑的"屏幕"上留下痕迹也是短暂的、转瞬即逝的，但却使人茅塞顿开。灵感的闪现，是迸发出的智慧的火花。如果不及时记录留下，就会"时若丢失，机不再来"。

2. 只能意会，难以言传

灵感的产生，不是按照通常的三段论演绎逻辑推理而得，也不受形式逻辑的约束。但常是原有逻辑程序的简化和压缩，或者是违背了原有的逻辑和程序。正是这种不受已有理论框架和逻辑规则约束而闪现的灵感，往往表现出其创造性。思维者对这种来之突然，无法作逻辑解释的灵感，往往是“只能意会，难以言传”的。真所谓“妙微心会，实情难与君说”。

3. 模糊隐约，雾中之花

数学灵感的闪现，是数学知识本身的信息与经验方法的信息和新课题信息的交融，是潜意识与显意识的突然接通，而这些信息映入“脑屏”上的图像却是模糊的，如雾中之花。

我们为了攻克某个问题，最初只有一种朦胧的感觉。再查阅有关的资料，并利用可能的手段去试图解决问题，尽管加深了对问题的理解和认识，尽管有着浓厚的兴趣和解决问题的强烈愿望，却仍然碰壁了。于是只好去休息、去闲庭信步、去野外郊游，或与思维活跃者相互交谈。在各种信息的交融中，在不知不觉中，思维豁然开朗，灵感突然涌现。兴奋之际，及时记下也许只有自己能看得懂的一些符号，然后修改整理成文。

4. 积之在平日，得之在俄顷

灵感是在长期思索的基础上，经过量的积累而引起质的飞跃。当研究某个问题冥思苦想以至到了“衣带渐宽终不悔，为伊消得人憔悴”仍不得其解时，“蓦然回首”，却发现“那人却在灯火阑珊处”。一种轻松、兴奋之情，难以言表。由此可见，瞬时的灵感是以必要的知识储备和长期持续的研究作为基础的，是艰苦劳动在思维中产生突变的结果，而不是什么“神灵”的赐予。

14.3 数学家的灵感与数学发现

灵感与创造思维、灵感与数学发现究竟有何联系？我们可看看下面几位数学家的数学灵感与数学发现的情况：

法国数学家笛卡儿，早就有把相互独立的代数与几何结合起来的愿望，经过长时期的思考，但未找到合适的方法。1619 年随军服务时他仍在思考。11 月 9 日，在多瑙河畔的诺伊堡，他几天来整日沉迷在思考之中而不得其解，入睡后连作数梦，梦中迷迷糊糊地想到引入直角坐标系的方法。第二天，也即是 11 月 10 日清晨，醒后立即将梦中所得加以整理，终于创造了解析几何学，笛卡儿获得了成功，但他酝酿时间为 1617～1619 年约为两年的时间。

法国著名数学家庞加莱在谈到他发现富克斯函数的变换方法时回忆

说："1880 年有一次我离开当时居住的卡昂（Caen）去作一次由矿业学校主办的地质考察旅行。旅途的奔波使我忘掉了我的数学工作，抵达库特塞斯（Coutaoces）后，我们乘公共马车到各处去转转，正当我跨上踏板的瞬间，脑子里突然出现了一个想法，即我曾用来定义富克斯函数的诸变换跟非欧几何中的诸变换是一致的。"庞加莱回到住址后，马上把这一结果加以证明。这是在长时间紧张工作之后，思想放松时灵感的突然闪现，是经过了约一年时间的苦思之后才获得成功的。

被称为数学王子的高斯为证明某一算术定理，曾苦思冥想达两年之久，后来突然得到一个想法，使他获得成功。高斯回忆说："终于在两天前我成功了……像闪电一样，谜一下解开了。我自己也说不清楚是什么导线把原先的知识和我成功的东西连接起来。"尽管解开这个谜的想法是突然来的，但高斯本人经过两年的艰苦努力才为这个成功的到来作好了准备。

英国数学家哈密顿为推广复数（a,b），试图建立三元数（a,b,c），结果失败了。为此，哈密顿长期为这个问题所困扰，究竟该怎样推广二元数（a,b）呢？10 余年来，他一直不放弃对这一课题的研究，一直在冥思苦想。直到 1843 年，突然灵感涌现：放弃将（a,b）推广到三元数（a,b,c）的想法，而推广到四元数（a,b,c,d）$=a+bi+cj+dk$ 的形式，四元数诞生了。后来哈密顿回忆发现四元数的经过时说："明天是四元数的第 15 个生日。1843 年 10 月 16 日，当我和妻子步行到都柏林途中，来到勃洛翰桥的时候，它们就来到了人间，或者说出生了，发育成熟了。此时的我感到思想的电路接通了，而从中落下的火花就是 i，j，k 之间的基本方程。我当场抽出了笔记本，将这些做了记录。智力应该缓口气了，它已经纠缠我至少 15 年了！"

由以上对四位数学家数学灵感的出现而导致数学发现的描述，可以看出这种在长时期持续劳动后的某时刻出现的"突然领悟"是一种非逻辑的高层次的创造活动，亦即灵感思维活动。

灵感是不能靠偶然的机遇、守株待兔式的消极等待可以得到的。必须是执着追求、锲而不舍、百折不挠，才能有成功的一天。所谓"触景生情""灵机一动""眉头一皱，计上心来"，都是经过长期坚持不懈的创造性劳动而"偶然得之"的。巴斯加说："机遇只偏爱有准备的头脑。"恰恰道出了此中的真谛。

15 诗中的数学意境

在数学家的眼里，很多事情都包含着数学。在我国的一些古诗名句中，也能找到一种数学意境，让人遐想，让人品味。

15.1 大漠孤烟直，长河落日圆

这是唐代诗人王维在《使至塞上》中的绝唱，描绘了一幅空阔、荒寂的塞外黄昏景象。但数学家将那荒无人烟的戈壁视为一个平面，而将那从地面升起直上云霄的如烟气柱，看成是一条垂直于地面的直线。因此，“大漠孤烟直”在数学家的眼中便成了一条垂直于平面的直线（图15-1）；而那远处横卧的长河被视为一条直线，临近河面逐渐下沉的一轮落日被视为一个圆，“长河落日圆”在数学家的眼中便是一个圆切于一条直线（图 15-2）。

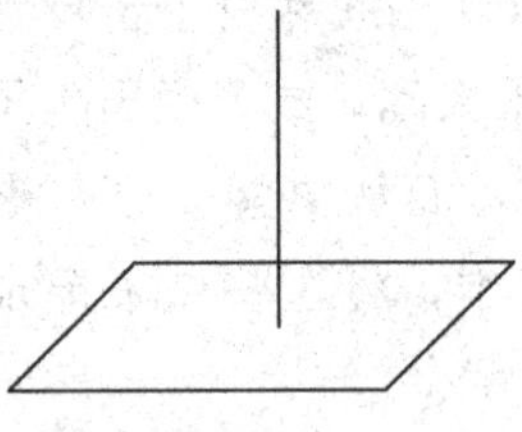

图 15-1

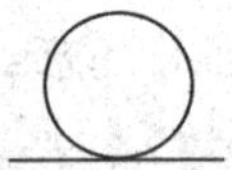

图 15-2

15.2 孤帆远影碧空尽，唯见长江天际流

这是李白在《黄鹤楼送孟浩然之广陵》中的名句。当我们在理解无穷小量是以零为极限的变量时，如果在脑海中能出现一幅“一叶孤舟随着江流远去，帆影在逐渐缩小，最终消失在水天一际之中”这样的图景，数学概念也就完美融合在这美的诗意中了。

15.3 会当凌绝顶，一览众山小

诗人杜甫在28岁时曾游览过山东。遥望泰山，他浮想联翩，写下了一首《望岳》，这是其中的两句。意思是说“如果登上了泰山的顶峰，居高临下，周围的群山也就变得渺小了”。即所谓“站得高，才能看得远”。

我们数学教师也应站得高一些。如小学教师应懂得中学数学，中学教师应懂得一些高等数学。以高等数学去审视初等数学，将会对初等数学概念的内涵和外延理解得更深刻，会对初等数学结构的内在联系搞得更清楚。

15.4 随风潜入夜，润物细无声

这是诗人杜甫的《春夜喜雨》“好雨知时节，当春乃发生，随风潜入夜，润物细无声”中的后两句。意思是说“夜幕降临，那细细的雨丝，随着春风渐渐飘洒，点点滴滴地奉献给大地，悄然无声地滋润着万物”。

作为一名数学教师，他的一举一动，一言一行，乃是“言传身教”，对学生起着一种潜移默化的作用。因此，数学教师除了有健康的情感、高尚的品德外，还要有丰富广博的知识和出众的才能，这是引导学生获取知识和培养他们创造力的必要保证。

15.5 不识庐山真面目，只缘身在此山中

这是苏轼的一首七绝《题西林壁》中的后两句。意思是说“为什么总看不清庐山真面目呢？恐怕只是因为身在此山中的缘故吧！”后两句诗道出了“当局者迷，旁观者清”这一深刻的哲理。

我们学数学既要深入钻研数学的内容，也要能跳出一般数学原有的框架，“冷眼旁观”，才能理解和感受到数学的本质和真正的价值。如数学史上三次“数学危机”（第一次是无理数的出现，第二次是微积分理论基础的不严密性，第三次是集合论中悖论的出现）之所以产生，就是因为人们被原有的数学构架框框所束缚而导致的。然而，每当数学危机解决后，便将数学发展向前推进了一大步。

杜甫诗意画：随风潜入夜，润物细无声。
取自文载道编《小学生古诗词朗读阶梯》

15.6 横看成岭侧成峰，远近高低各不同

这是苏轼的七绝《题西林壁》诗中的前两句。意思是说“正看庐山，高岭横空；侧看庐山，峭拔成峰，远近高低，形象各异”。

我们观察事物，如果所处的立场不同，观察到的结果也会不同。我们思考处理某一个数学题，如果从某一角度用某种方法解决难以奏效时，不妨换一个角度去观察，换一种方法去处理便有可能“迎刃而解”。

如解方程　　$x^3-2\sqrt{2}x^2+2x-\sqrt{2}+1=0$

这是一个三次方程，但在现行中学教材中，未介绍解一般三次方程的方法，难以求解。如果我们换一个角度（已知和未知互易）去考虑，

即将$\sqrt{2}$看作"未知数"，而将x看成"已知数"，则将原方程整理成

$$x(\sqrt{2})^2-(2x^2+1)\sqrt{2}+(x^3+1)=0$$

解得$\sqrt{2}=x+1$或$\sqrt{2}=\dfrac{x^2-x+1}{x}$（$\because x\neq 0$），故得：

$$x_1=\sqrt{2}-1,\quad x_{2,3}=\frac{\sqrt{2}+1\pm\sqrt{2\sqrt{2}-1}}{2}$$

15.7 欲穷千里目，更上一层楼

唐代诗人王之涣在《登鹳雀楼》诗中为我们留下了"欲穷千里目，更上一层楼"的不朽名句。意思是说"要想看到千里远，就得再登上一层高楼"。

苏轼诗意画：不识庐山真面目，只缘身在此山中。

取自文载道编《小学生古诗词朗读阶梯》

现在，我们以数学家的眼光就诗中的数字作一个数学计算，即“欲看到千里之远，登上一层楼够不够？到底需登上几层楼？”

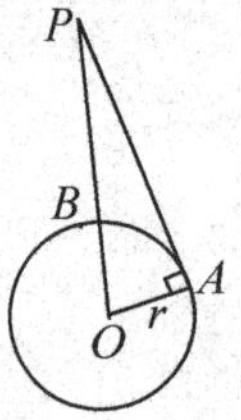

图 15-3

我们把地球近似看成是球体（图15-3），PA 为视线，则 PA 与球面相切于点 A，于是有 $OA\perp PA$，且有 $PA=1000$ 里$=500$ 公里。地球半径 $R=OA=6370$ 公里，设楼高 $PB=x$ 公里，则在 Rt$\triangle AOP$ 中，由 $PO^2=OA^2+PA^2$，有 $(x+6370)^2=6370^2+500^2$。解这个方程并舍去负根，得 $x\approx19.6$ 公里。显然要建成一栋 19.6 公里高的楼是不可能的。如果按每层 3.2 米计算，则有 $19600\div3.2=6125$（层），故知“欲穷千里目，须上 6125 层楼”才行。

16 突破视觉与习惯思维的误区

16.1 视觉的迷惑

人的视力是有限的，仅凭眼睛的直觉判断有时会使我们得出与事实不符的错误结论。

请看下面的几个例子：

（1）图 16-1 中两根弧线哪根长？看起来下面的弧形线要比上面的弧形线长，其实它们一样长。

（2）图 16-2 中您认为哪个是正方形？看起来似乎左边的一个是正方形。事实上，如果您量一下，便知右边的一个才是正方形。

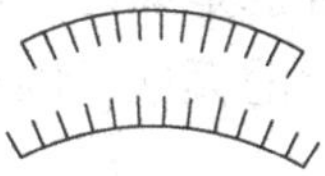

图 16-1

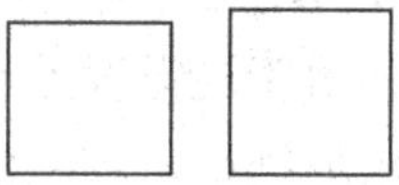

图 16-2

（3）在图 16-3 的平行四边形中，线段 AE 与 BE 哪一条长一些？其实 AE 与 BE 一样长。

（4）图 16-4 中 AB、CD、EF、GH 是四条平行线，但看起来似乎是不平行的，这是由于背景斜线干扰的结果。

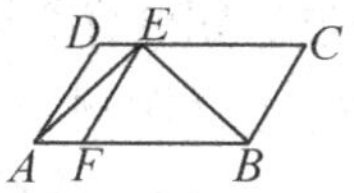

图 16-3

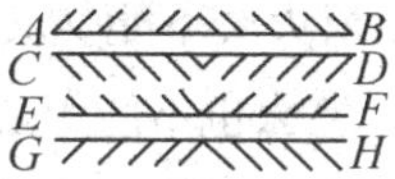

图 16-4

（5）图 16-5 中看得见的小正方体，有人说 10 个，有人说 12 个，您认为到底有几个？

（6）图 16-6 中，有人认为看到的是一个白色的杯子，而有人认为看到的是两个面孔相向的黑色人头侧影。图 16-6 被称为“鲁宾双关图形”，对我们的认识观察是很有启发性的。

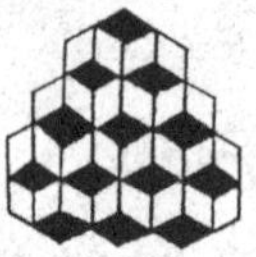

图 16-5

图 16-6

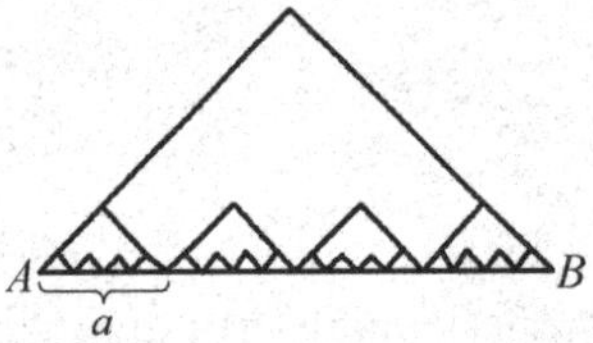

图 16-7

(7) 将长为 a 的线段 AB 分为 n 等份，分别以每段线段为斜边作 n 个等腰直角三角形（图 16-7），当 n 增大时，显然这 $2n$ 直角边所组成的折线将随之接近线段 AB。如果让 n 无限增大，凭眼睛看来，这条折线完全“重合”在线段 AB 上了，似乎折线的长也应等于 a。而事实上，因每个小的等腰直角三角形的斜边长都是 $\frac{a}{n}$，故每条直角边长都是 $\frac{a}{n}\cdot\frac{\sqrt{2}}{2}=\frac{\sqrt{2}a}{2n}$，于是由 $2n$ 条直角边组成的折线的长为 $\frac{\sqrt{2}a}{2n}\cdot 2n=\sqrt{2}a$。也就是说，它的长与所分成的份数 n 没有关系，即使是 $n\to\infty$，折线与 AB“重合”时也是如此。从以上数例可看出，由于视觉误差给我们造成了一些判断上的误区。因而，由眼睛直觉得出的结论，不一定是完全可靠的。

16.2 突破习惯思维的束缚

有些问题用我们习惯思维的方式似乎是难以解决的，如果我们能突破常规去思考，就能使思维“豁然开朗”，而使问题迎刃而解。请看下面的几个例子：

(1) 6 根火柴不能交叉，将其组成 4 个正三角形。如果将 6 根火柴在平面上摆放，怎么也不能组成 4 个三角形。但若突破平面的限制，则 6 根火柴可作为一个正四面体的 6 条棱，组成 4 个三角形（图16-8）。

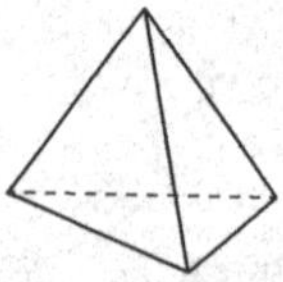

图 16-8

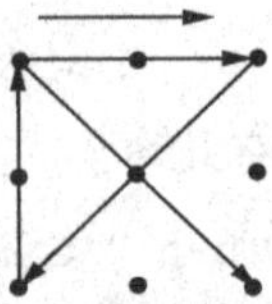

图 16-9

(2) 图 16-9 中有 9 个点，试一笔画出 4 条直线，把这 9 个点连接起来(从何处起头都行，直线可以交叉，但不能重合)。

一笔画出 4 条直线，难以穿过 9 个点。这是由于我们不易想到将直线延伸到 9 个点的范围界限之外。如果能突破这种习惯思维方式的束缚，则如图 16-10 所示便可一笔画出 4 条直线使之通过这 9 个点。

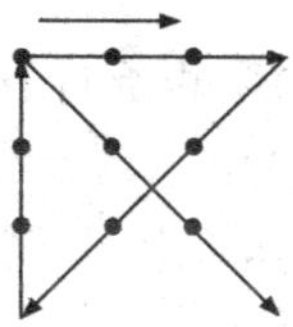

图 16-10

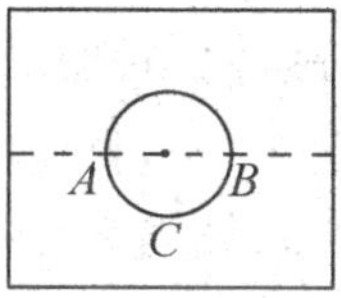

图 16-11

(3) 我们在一张纸上，挖去一个直径为 2 厘米的圆（图 16-11)，并要让您将一块直径为 3 厘米的硬币穿过去。

看来似乎是不可能的。其实，我们只需将这张纸沿着圆的一条直径折起来（图 16-12)，再将半圆弧 ACB 拉直成线段 ACB（图 16-13)，则线段 ACB 的长为 π 厘米，而 $\pi>3$，故可将直径为 3 厘米的硬币穿过去。

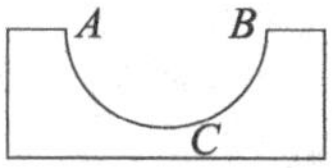

图 16-12

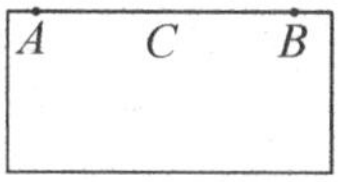

图 16-13

(4) 请您在一个边长为 10 厘米的木制正方体上挖一个洞，让一个直径为 12 厘米的球通过。这个问题好像是“不可思议”的。在一个“小”正方体中怎么可以挖一个洞让一个“大”球通过呢？之所以我们认为不可能，就是习惯上认为球是从正方体的正前方向穿进而从正后方向穿出的，这当然是不可能的。但是，如果我们让球对着正方体的一个顶点穿过，让球心通过该顶点的一条对角线（图 16-14)，这样就有可能使球通过正方体了。那么正方体的边长 a 与球半径 r 需满足什么条件时，正方体才可使球通过呢？若将球与正方体投影到一个平面上（图 16-15)，使可将其看成是一个平面问题。即当圆半径为 r，边长为 b 的正六边形需满足什么条件时，可以通过呢？

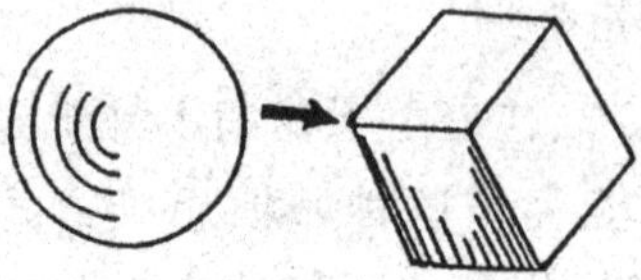
图 16-14

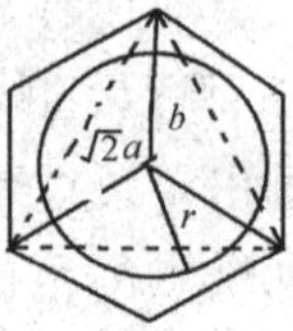

图 16-15

由图 16-15 可知，有$\sqrt{3}\,b=\sqrt{2}\,a$，则 r 需满足条件：$r=\frac{\sqrt{3}b}{2}=\frac{\sqrt{2}a}{2}\approx 0.707a$，故当 $r<0.707a$ 时，便可在正方体上挖个洞让球通过。而今 $r=6$ 厘米，而 $0.707a=0.707$ 厘米，故知球可穿过正方体。

由以上数例看出，由于突破了习惯思维方式的束缚而产生的奇思妙想，致使一些被认为“不可能解”的问题获解。可见“数学是锻炼思维的体操”，此话一点不假。

17 河图与洛书的数学内涵

17.1 河图、洛书的传说

在我国古老的著作《易经系辞传》中有一句话是："河出图，洛出书，圣人则之。"这里的圣人指的是伏羲氏。到了北宋时代就编造出了一个神话：

在伏羲氏时代，从黄河跳出一匹龙马，背上有一幅图。这幅图隐含着很多天机。上面有黑白点（圈）55个，用直线连接成10个数，被称为"河图"（图17-1）。根据河图伏羲氏才画出了八卦；又在夏禹治水的时候，洛水里出现了一只大乌龟，其背上有文字。上面有黑白圈45个，用直线连成9个数，称为"洛书"（图17-2）。

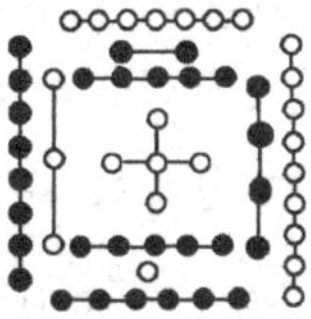

图17-1　河图

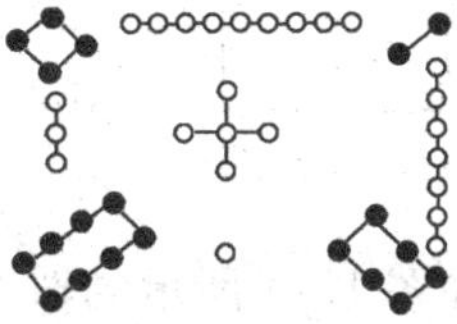

图17-2　洛书

也有传说认为"河图"就是"周易"的来源；而"洛书"就是天帝赐给大禹治水用的《洪范九畴》。《汉书·五行志》载："刘歆以为伏羲氏系天而王，河出图，则而画之，八卦是也；禹治洪水，赐洛书，法而阵之，洪范是也。"

还有传说认为神龟负文而出，列于背，有数从一而至九。这个传说倒是值得重视的。甲骨文的发现，可以说明"龟背刻字"并非虚妄。这样，刻着图形数字的龟背浮在水面上被人拾到，也是有可能的。

17.2 河图、洛书的数学内涵

河图中的黑圆点表示阴数，阴数皆为偶数；白圆点表示阳数，阳数皆为奇数。图中数字共分三层：最外层四数之和为 30；中层四数之和为 10；内层三数之和为 15。三层数相加得 55。30、10、15 均为 5 的倍数，说明以 5 为中心。图中 1 至 9 除了 5 之外都是不重复的数，只有 5 例外，共有三个 5。如果把其中两个 5 合并为 10，也即 1 至 10 的和是：

$$1+2+3+4+5+6+7+8+9+10=55$$

这是等差数列前 n 项和的最典型例子。

洛书是把 1～9 这 9 个数字摆成方阵，而以 5 为中心。对洛书的解释为形如图 17-3 所示的三阶方阵，南宋数学家称此图为“纵横图”，又称“九宫图”。此图中任意一行、任意一列以及两条对角线的数字之和都是 15。这种纵横图是世界上最早的矩阵，又称方阵或幻方。它的研究属于一个数学分支——组合数学。欧洲人直到 14 世纪才开始研究幻方，比我国迟了近两千年。

四	九	二
三	五	七
八	一	六

图 17-3　九宫图

那么这种幻方是怎样构造出来的呢?

1275 年南宋数学家杨辉在《续古摘奇算法》中谈到了洛书的构造法：“九子斜排，上下对易，左右相更，四维挺出。载九履一，左三右七，二四为肩，六八为足也。”即先把 1，2，3，…，9 这 9 个数排成如图 17-4 所示的斜直线三排，然后上下对易，左右相更而构成洛书（图 17-5)。

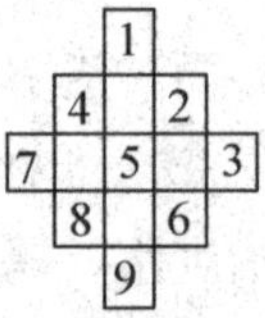

图 17-4

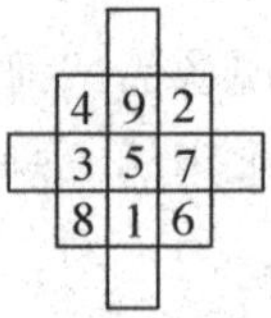

图 17-5

河图、洛书是我国数学发展的标志，说明当时我国对组合数学思想已经有了认识。杨辉在《续古摘奇算法》一书中，进一步构造出了 4～10 阶方阵。实际上，若设方阵的阶数为 n，各行、各列、各条对角线上所有数字的和为 P_n，则有公式

$$P_n=\frac{n(n^2+1)}{2}$$

我国发现了方阵后，曾传到国外，引起了国内外的数学爱好者的兴趣。据说美国有一个 13 岁的少年孙达已经排出了 105 行 105 列的方阵，即 105 阶的幻方。

17.3 河图、洛书的现代解释

内蒙古哲里木畜牧学院物理教师韩永贤经过 50 年的潜心研究，于 1988 年在《内蒙古社会科学》上发表了论文《无文字时代的两大发明——揭开河图、洛书千古之谜》。该文章首次破译河图、洛书，认为伏羲确有其人。河图是游牧时期的气象图，洛书是当时的一张方位图。图中的圆点表示雨点、雨量，圆圈表示太阳、干燥。韩永贤的论文在国内外引起了强烈的反响。英国皇家科学院中国自然学史专家李约瑟来电："河、洛一文很有价值。现已藏于剑桥东亚科学史图书馆。美国麻省理工学院高秉浩博士亦备加赞赏。"

17.4 河图、洛书的美学意义

河图、洛书实际是组合数学的雏形。洛书便是一个三阶方阵（西方称之为"幻方"），它的各行、各列及对角线上三数之和皆为 15。而对于 n 行、n 列及对角线也具有此性质的幻方，称之为"n 阶幻方"。幻方曾使大数学家欧拉、著名物理学家富兰克林很感兴趣。

河图、洛书皆是以"五"为中心，古人有"五瓣梅花天地方"之句，正包含了这样的意思。八卦云："天数五，地数五，五位相得而各有合。天数二十有五，地数三十，凡天地之数五十有五，此所以成变化而行鬼神也。"

美国 1977 年发射的寻求外星文明的宇宙飞船旅行者 1 号、2 号上，除了有向宇宙人致意的问候信号外，还带有一些图片。这些图片中，就有一张是四阶幻方图（图 17-6）。

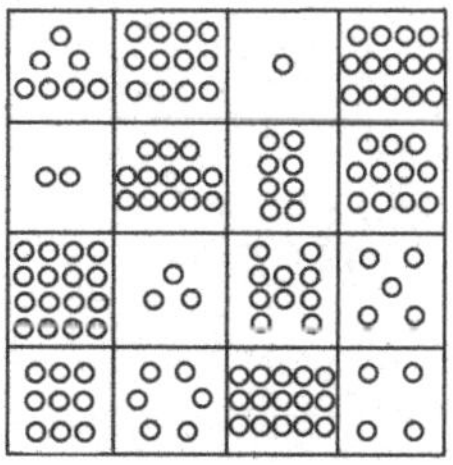

图 17-6

从数学美的角度来看，由于河图所进行的数字排列，使得对这些数进行简单的数学运算，例如加法、减法、乘法、数列运算，得到了各种结果，这些结果都包含了一定的规律性。对河图的数学研究，不但是一种思维体操，而且有着强烈的数学美感。电子计算机出现以后，古老的河图、洛书中所包含的数学美学原理，在程序设计、实验设计和图论方面得到了应用和发展。

18 八卦文化的魅力

18.1 八卦的由来

在《史记·日者列传》中说："自伏羲作八卦，周文王演三百八十四爻而天下治。"可是郭沫若、侯外庐、任继愈、吕振羽等现代著名学者考证后认为，伏羲作八卦只是一种传说，不足为信，而文王作八卦倒是有可能的。

不管是谁作的八卦，它的产生、发展及演变不可能是一个人的杰作，而是与生活生产实际不可分割的。古人总结了自然界万物的规律，认为万物均由天地阴阳交感而成，形成一生二，二生三，三生天地，天地生阴阳，阴阳生万物的美学观。这与毕达哥拉斯认为数是宇宙本源的观点，是颇为接近的。八卦正是由这一简单的"一"变化为复杂的"多"而逐渐产生形成的。反映了天、地、人之间关系的象征。

18.2 八卦符号的含义

八卦是一套抽象的符号系统，它表示什么意义？"仁者见仁，智者见智。"人们可以赋予它们各种各样的内容，但最易的是被视为数学的符号。在阴阳学的影响下，简化作出"——"（阳）"— —"（阴）两种符号。通过这两种简单的符号可得出各种各样的错综复杂的排列组合。

"——"代表自然界中的天、日、乾。"乾"表示健、动、刚。从数的意义上看："——"表示奇数，又表示一个整体。"——"是数的开始和数的发展的基本，是万物生发之源；"— —"代表自然界中的地、月、坤。"坤"表示顺、静、柔，它表示偶数。太阳下去，月亮升起；月亮下去，太阳出来，太阳月亮互相推移交替，就产生了时光，严暑易节形成了岁月。于是阴阳交融，万物繁衍。

以“——”及“— —”这两个符号结合，可产生错综复杂的变化。如果取两画为一卦，这两个符号最多只能得到“⚏，⚍，⚎，⚌”四卦，尚不足以概括自然界除天地以外的其他要素。如果取三画为一卦，那么阴阳的排列组合可得八卦，正好与人们从自然界中抽象出来的八种事物一一对应。我们将八卦所代表的八种自然界现象与事物特性列表如下：

序号	1	2	3	4	5	6	7	8
符号	☰	☷	☶	☱	☴	☳	☵	☲
八卦	乾	坤	艮	兑	巽	震	坎	离
自然界事物	天	地	山	泽	风	雷	水	火

18.3 八卦的数学结构

1. 八卦与集合论

集合论是现代数学的基础，它不仅渗透到数学的各个领域，也渗透到许多自然科学和社会科学领域。《周易·系辞》说：“方以类聚，物以群分。”这里所说的“类”与“群”就与数学中的“集合”概念非常相近。将八卦用集合论的语言描述，就会更方便、更清楚、更精确。

（1）八卦与自然现象的关系：

乾为天，坤为地，震为雷，巽为风，坎为水，离为火，艮为山，兑为泽。可以看成是两个集合，即八卦经集 $A=$ {乾、坤、艮、兑、巽、震、坎、离} 与八种自然物集 $B=$ {天、地、雷、风、水、火、山、泽} 之间的一个一一映射。

（2）八卦与方位的关系：

乾南，坤北，离东，坎西，震东北，巽西南，艮西北，兑东南。看成是两个集合，即八卦之集 $A=$ {乾、坤、艮、兑、巽、震、坎、离} 与八方之集 $B=$ {南，北，东，西，东北，西南，西北，东南} 之间的一种一一映射。

（3）八卦与“五行”之间的关系：

乾→金，坤→土，震→木，巽→木，坎→水，离→火，艮→土，兑→金。这是两个集合——八卦集 $A=$｛乾、坤、艮、兑、巽、震、坎、离｝与五行集 $B=$｛金，木，水，火，土｝之间的映射，显然是从 A 到 B 的满射。

（4）“八卦”与“洛书”的关系：

“洛书”简化后就成图 18-1 的“九宫图”，将 8 经卦与“九宫图”中的数分别对应（图 18-2）：

四	九	二
三	五	七
八	一	六

图 18-1

巽	离	坤
震		兑
艮	坎	乾

图 18-2

乾→六，坤→二，震→三，巽→四，坎→一，离→九，艮→八，兑→七。即下面两个集合——$A=$｛乾、坤、艮、兑、巽、震、坎、离｝和 $B=$｛一，二，三，四，六，七，八，九｝的一个映射。

2. 八卦与二进制

通常我们所采用的十进制是“逢十进一”，且在十进制中使用 0，1，2，3，4，5，6，7，8，9 这十个数字符号。而二进制是“逢二进一”，只用 0，1 两个数字符号即可。如将阴爻用“0”表示，阳爻用“1”表示，则八卦是一个二进制数组。对于八卦与二进制数字及十进制数字的对应关系列表如下：

卦图	☷	☶	☵	☴	☳	☲	☱	☰
二进制数	000	001	010	011	100	101	110	111
十进制数	0	1	2	3	4	5	6	7

3. 八卦与组合论

八卦中的每一卦都由两种元素（阴爻，阳爻）中可重复选取 3 个所做的排列。设排列数为 N，则 $N=2^3$，其中“2”是指只有两种元素，

“3”是指从两种元素中选取 3 个元素作可重复排列。所以 $N=2^3=8$，对应于八卦。

4. 八卦与代数式

令 a 表示阴爻，b 表示阳爻，并规定 $ab\neq ba$，则对应于，当 $n=2$ 时

$$(a+b)^2=a^2+2ab+b^2$$

对应于八卦：⚏，⚍，⚎，⚌；

当 $n=3$ 时

$$(a+b)^3=a^3+3a^2b+3ab^2+b^3$$

对应于八卦：☷，☶，☵，☳，☴，☲，☱，☰。

此外，八卦在矩阵、群论、概率论中都有其数学解释，在此不多做阐述了。

18.4 八卦的美感

我国古代数学家一行（公元 673 或 683～公元 727）和秦九韶（约 1208～约 1261）曾把八卦与数学相联系。德国数学家莱布尼茨（1646～1716）发现易图由八卦演绎而成的六十四卦的一致性，从此引起了中外学者对八卦的研究兴趣。易图是我国祖先的一种人工语言，也是一种深奥精巧的数学结构，蕴涵着一种极其丰富的数学之美。

中国古代的科学美学思想比较讲究和谐与平衡，但这种和谐与平衡并不像古希腊科学美学思想那样偏重静态肃穆，而是偏重变化的动态平衡。中国古代的人们更欣赏世间万物在相互作用、共同促进中所表现出来的动态美。《周易·系辞》说：“易有太极，是生两仪，两仪生四象，四象生八卦……”

我们取“太极”（用 0 表示）、两仪（——与— —），四象（⚌，⚎，⚍，⚏），八卦（☰，☱，☲，☳，☴，☵，☶，☷）这 15 个元素为顶点，可连成如图 18-3 所示的一个“二叉数”。

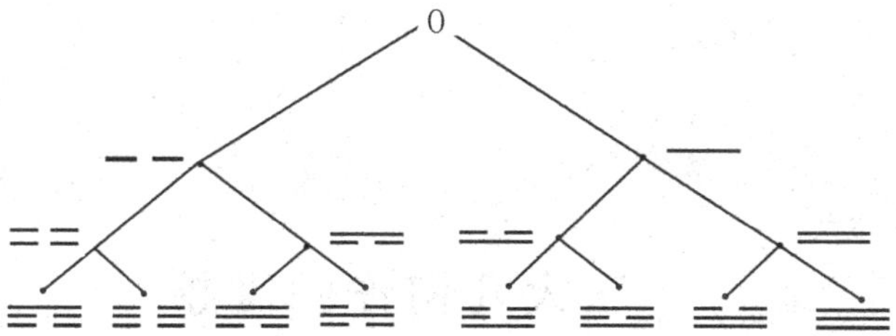

图 18-3

给人以一种整齐对称的美感。

在《周易·说卦》中认为：凡符合动态美原则的即为吉卦，凡绝对平衡、绝对静止的则为凶卦；又认为凡是有动象、有交感之象的卦是吉祥卦，因为这样的事物是符合美的原则的，所以是有前途的。

《周易·象传·睽象》认为："天地睽而其事同也，男女睽而其志通也，万物睽而其事类也，睽之时用大矣哉。"

这里的"睽"就是指"相互矛盾的事物"，他们之间的矛盾斗争促使万物的繁荣变化，使事物在运动中显出动态美。这是古人的一种朴素的辩证美学思想。

八卦图从产生、发展至今，已经越来越引起中外哲学家和科学家的重视。如量子力学的哥本哈根派以八卦图作为他们学派的标志，韩国以八卦图作为他们的国旗，这都说明八卦具有超凡脱俗的美感。而八卦与众多数学分支的联系，还有待我们继续挖掘整理。我们为自己祖先创造了这具有丰富哲学和科学内涵的八卦文化而感到自豪，我们应继续把八卦文化发扬光大。

19 三大几何作图难题

古希腊人较重视直尺和圆规作图，以在数学中训练人的逻辑思维能力，发展其智力。因此，他们较大地限制了直尺和圆规这两种作图工具的使用：①作图时，只能有限次使用直尺和圆规；②不能利用直尺上的刻度或其他记号；③不能把直尺和圆规合并使用，也不能把几个直尺合并使用。在这种限制下，即便一些简单的几何作图也无法解决。最著名的是被称为几何三大难题的三个古希腊作图难题，即三等分任意角问题、立方倍积问题和化圆为方问题。

当时很多有名的古希腊数学家，都曾着力研究过这三大难题，但由于尺规作图的限制都一直未能如愿。两千年来几十代人为之绞尽脑汁，均以失败告终。直到19世纪90年代，人们证明了这三个问题不可能用“尺规作图”来解决，这才结束了历时两千年的数学难题公案。因此，现今的中学生们不必再去搞什么“几何三大难题”，避免再去步前人失败的后尘。值得一提的是，如果允许借助其他工具或曲线，这“三大难题”都可以解决，也就不成其为“难题”了。

19.1 三大几何难题的由来

1. 三等分任意角问题

就是仅用直尺和圆规将任意角三等分。

一条线段，可以很容易地将其三等分。不仅三等分，而且可以任意等分。借助数学联想很容易把这种想法移植到角上，即将角三等分。这是历史上最为长久、流传最为广泛、耗费人的精力最多的一道几何作图题。

2. 立方倍积问题

就是要求作一个立方体，使其体积等于已知立方体体积的两倍。

关于立方倍积问题的产生，有这样一个传说：公元前 400 多年，古希腊德里斯群岛上流行着瘟疫，死亡阴影笼罩着人们。人们对瘟疫束手无策，于是就到神庙去祈求太阳神阿波罗的保护。阿波罗的代言人——神殿的女司祭毕菲亚对大家说，这次瘟疫是神认为你们对神不够虔诚的惩罚。神殿里的正方体祭坛太小了，要使它仍保持正方体，但体积应为原来的两倍，这样神就可免除你们的灾难。于是“立方倍积”问题便流传开了。

3. 化圆成方问题

求作一个正方形，使它的面积等于已知圆的面积。

从数学思想最基本的逻辑学观点来看，这个问题的产生似乎是必然的。如果您得到一个圆规，画出的第一个图形就是圆。另外，还有一个十分自然的图形——正方形。其中每一个图形都有一个确定的面积。在这两个具有相同面积的图形之间，可以自然地搭起一座桥来，就是其中的一个图形变换成另一个图形。因为变换只能用圆规和直尺，所以就可能产生这样一个问题：利用圆规和直尺作出一个面积等于已知圆面积的正方形的一条边。这就是“化圆成方”问题。

19.2 三大几何作图问题为什么不能用尺规作出

在平面几何作图题里，总可以把一条已知线段（或给定的某一线段）当作“单位长线段”，即可把已知线段作为长度为 1 的线段。于是利用尺规作图，很容易将该线段 n 等分，从而求得 $\frac{1}{n}$ 的线段，再将此线段 m 倍，又可得 $\frac{m}{n}$ 的线段。于是一切以有理数为长度的线段都可以作出来。

设 r 为任一正有理数，则以平方根长度的线段也可以作出来。事实上如图 19-1 所示，利用 $1+r$ 为直径作半圆，从线段连接点 P 引垂线交半圆周于点 Q，则 $PQ=\sqrt{r}$。由此可知，一切以正有理数的平方根为长度的线段都可用尺规作出来。反复利用上述方法，又可将 $\sqrt[4]{r}$，$\sqrt[8]{r}$，……为长度的线段作出来。一般说来，只要是由有理数经过有限多次“加、减、乘（乘方）、除、开平方”五则运算得出的数量，都可以用尺规作出以这些数量为长度的线段来，

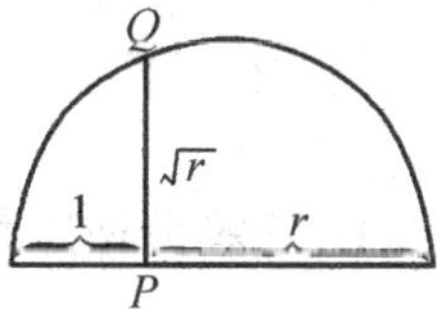

图 19-1

我们把这些数量叫作“可作图几何量”。例如下面的数量：$\sqrt{\left(7+\sqrt{\frac{2}{3}+\sqrt{5}}\right)\times\sqrt{\frac{3}{5}}}$ 就是一个“可作图几何量”。因此，要判断一个平面几何上的图形是否用尺规可作，只要分析一下所要确定的几何量是否为“可作图几何量”就行了。

现在我们回到三大几何作图难题上来：

1. 三等分任意角问题

设已知角的三分之一为 α，则已知角为 3α，取它的余弦，由三倍角余弦公式得

$$\cos 3\alpha=4\cos^3\alpha-3\cos\alpha$$

即 $8\cos^3\alpha-6\cos\alpha-2\cos 3\alpha=0$，令 $2\cos 3\alpha=m$，$2\cos\alpha=x$，则可得到：$x^3-3x-m=0$，这就是三等分任意角的代数方程。如果这个方程的根 x 可用尺规作图作出来，则角的大小也可用尺规作出来，然而这个方程的根不能表示成“可作图几何量”。因此，三等分任意角问题不可能用尺规作图作出。

2. 立方倍积问题

设正方体祭坛的棱长为 a，新正方体祭坛的棱长 x，则有 $x^3=2a^3$，不妨设 $a=1$，于是 $x=\sqrt[3]{2}$。而 $\sqrt[3]{2}$ 不是“+、−、×、÷、$\sqrt{\ }$”五种运算所能得出的。所以 $\sqrt[3]{2}$ 是一个“非几何作图量”。

3. 化圆成方问题

设正方形边长为 x，圆的半径为 r，则有 $x^2=\pi r^2$，不妨设 $r=1$，则化圆成方问题可表示为 $x^2=\pi$，于是 $x=\sqrt{\pi}$。1882 年德国数学家林得曼证明了 π 和 $\sqrt{\pi}$ 都是超越数（不能满足任何整系数代数方程的实数），所以它们不属于“可作图几何量”的范围。

19.3 不用尺规作图时“三大几何难题”的可能性

1. 三等分任意角问题

如图 19-2 所示，设所要三等分角为 $\angle AOB$，取一直尺，其一端点为 P，另在尺边缘上取一点 Q，以 O 为圆心，OQ 为半径作半圆交

$\angle AOB$ 的两边于点 A、B。P 点在 OA 的反向延长线上移动，Q 点在半圆上移动。当直尺刚好通过 B 点时，画出直线 PQB，这时不难证得 $\angle APB=\frac{1}{3}\angle AOB$（证略）。

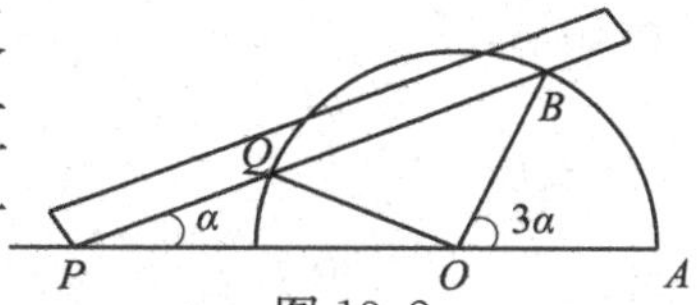

图 19-2

2. 立方倍积问题

如图 19-3 所示，作互相垂直且交于 O 的两条直线 m 和 n，分别在其上取 $OA=a$，$OB=2a$。取两个其边互相垂直的 L 型曲尺，使一个曲尺的顶点在 n 上，一边过 A 点；另一曲尺的一边过 B 点，顶点在 m 上，且两曲尺的一边互相密合。这样两曲尺的顶点分别在 m，n 上确定了 C、D 两点，OC 即所求正方体棱长 x。

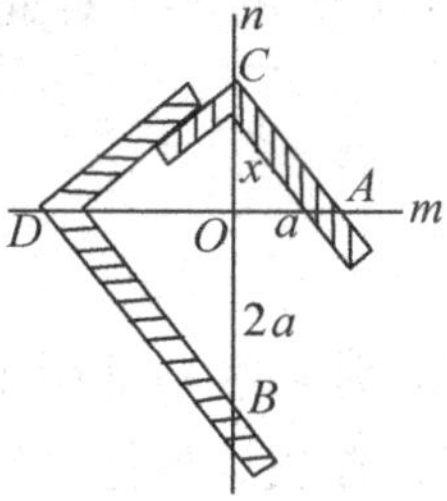

图 19-3

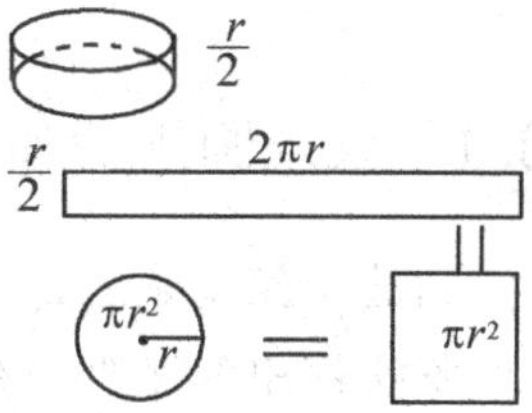

图 19-4

3. 化圆成方问题

如图 19-4 所示，设已知圆半径为 r，则它的面积为 πr^2。我们用木料作一正圆柱体，使其下底与已知圆等积，高为 $\frac{r}{2}$。然后，把这圆柱在平面上滚一周，在平面上就滚出了一个矩形。它的长为 $2\pi r$，宽为 $\frac{r}{2}$，则这个矩形面积为 $2\pi r\cdot\frac{r}{2}=\pi r^2$，与圆面积是相等的。这样问题就变为求作一个正方形与此矩形具有相等的面积，这显然是容易办到的。

20 只用圆规或直尺作图的巧思

所谓“几何作图三大难题”，其所以“难”，只不过是因为受到作图工具的限制（只许用圆规和直尺）所致。如果取消这种限制，则所谓的“几何作图难题”都可以作出，也就不难了。两千多年来，人们沿袭欧几里得只许用圆规和直尺的规定来作几何图形，这本来就相当苛刻了，更有甚者，有人竟提出，只用圆规或仅用直尺作图，并对此进行了研究。

20.1 仅用圆规的作图

意大利数学家马索若尼连直尺也可以去掉，他巧妙地证明了凡用圆规和直尺所能作出的图形，仅用圆规也同样可以作出。他把自己的研究成果，写成了《圆规几何学》的专著（据说比马索若尼早一个世纪的丹麦数学家海尔姆斯列夫在其《欧几里得作图》一书中，已经包含了《圆规几何学》中的成果）。

因为仅用圆规的作图无法画出直线，因此在这里约定：一条直线只要它上面的两个点已知，就算这条直线已被确定了。

1. 问题的解决

要仅用圆规来代替圆规和直尺的作图，必须让圆规完成以下两件事：

（1）求已知两个点的一条直线与一个已知圆的交点；

（2）求各已知两个点的两条直线的交点。

对于第（1）件事又分：

如果已知圆的圆心 O 不在直线 AB 上时（图 20-1）：可以点 A 为圆心，以 AO 为半径画弧，再以点 B 为圆心，以 BO 为半径画弧，二弧相交于另一个点 O'，再以 O' 为圆心，作一与圆 O 等半径的圆，二圆相交

于 C、D 即为所求的两个交点。

如果已知圆的圆心 O 在直线 AB 上时，请读者自行找出直线与圆的两个交点。

对于第（2）件事，完成也不困难，但因篇幅所限，留给读者去思考，借此训练一下自己的作图技巧。

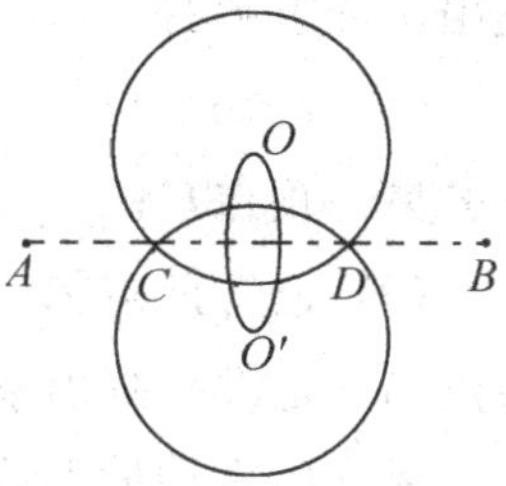

图 20-1

这两项本来是由直尺完成的基本作图，现已由圆规独立完成了，从而仅用圆规可代替要用圆规和直尺同时完成的作图了。这种别具一格的作图虽然过程很繁琐，实际意义不大，但却充分显示了圆规这个作图工具比直尺更为灵巧。它的大量精妙的作图方法闪烁着人类智慧的光辉，有助于丰富人们的思维。因此，它仍不失为数学园地中的一枝奇葩。

2. 拿破仑分圆问题

法国大革命时期的风云人物拿破仑，在他南征北战、日理万机的情况下，仍旧对平面几何颇感兴趣，并抽出一些时间来研究，他曾读过《圆规几何学》一书，兴奋之余，给法国的数学家出了一道题目："把一个圆四等分，但不准用直尺。"

他自己也研究过并较圆满地解决了这个问题：如图 20-2 所示，在圆上任取一点 A，从 A 出发，以此圆的半径 r 顺次截取 B、C、D 三点，则 AD 显然是圆的直径，而 AC 是圆的内接正三角形的一边，所以 $AC=\sqrt{3}r$，再分别以 A、D 为圆心，以 AC 为半径画弧，两弧相交于 M，则线段 OM 之长即为圆的内接正方形的边长。故在圆上可从任意一点出发，相继截取 OM 之长，则可将圆周四等分了。

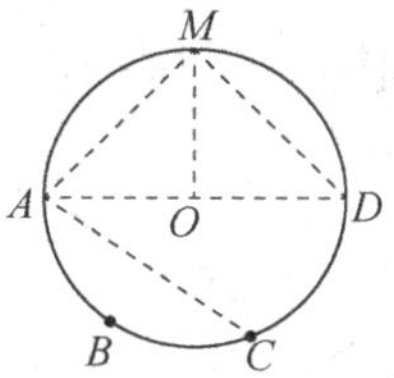

图 20-2

这是因为，在 Rt$\triangle MAO$ 中：$OM=\sqrt{AM^2-AO^2}=\sqrt{3r^2-r^2}=\sqrt{2}r$，$\sqrt{2}r$ 就是圆内接正方形的边长。

3. 生锈圆规

美国几何学家、年逾七旬的老教授佩多，敏锐地看出：固定圆规半径的作图题，可能隐藏着有趣的奥妙，他把这种固定半径的圆规称为生锈圆规。佩多精心地选择了两个问题于 1982 年在加拿大的一份杂志上提出，征求解答：

(1) 已知两点 A、B，只用一把生锈圆规找出以 AB 为边的正三角形的另一顶点 C；

(2) 已知两点 A、B，只用一把生锈圆规找出 AB 中点 C。(应知，线段 AB 是没有画出来的，因为没有直尺!)

后来，事情的发展表明，正是由于这两个问题的解决，使生锈圆规的园地繁花怒放。不久，佩多的一个学生作出了一个几何图，如图 20-3 所示，解决了佩多第一个问题的一小部分；如果 $AB<2$（生锈圆规的半径是 1），用生锈圆规可以作出 C，使 $\triangle ABC$ 为正三角形。

如图 20-3 所示，以 A、B 为圆心，分别作圆使之相交于 D、G；又以 G 为圆心，作圆交圆 A、圆 B 于点 E、F；再分别以点 E、F 为圆心，作二圆相交于点 C（另一点为 G），则 $\triangle ABC$ 为正三角形。证明是容易的：在圆 F 上，用圆周角定理 $\angle GCB=\frac{1}{2}\angle GFB=30°$，故 $\angle ACB=60°$，又显然有 $AC=AB$（注意：生锈圆规的半径为 1），所以 $\triangle ABC$ 为正三角形。

那么当 $AB>2$ 时，圆 A 与圆 B 不再相交了，又怎么办呢？三年过去了，仍无进展。正当数学家们认为是“不可能”的作图时，却被三位中国数学工作者（中国科技大学教师）成功地作出了解答。如图 20-4 所示，在 AB 较近处取一点 M（使 $AM<AB$，$BM<AB$），分别以 AM、BM 为边向外作正 $\triangle AMD$、正 $\triangle BME$，再找出 C 点使 $MECD$ 是平行四边形（具体如何找，还得费一番脑子呢!）那么 $\triangle ABC$ 也是正三角形。

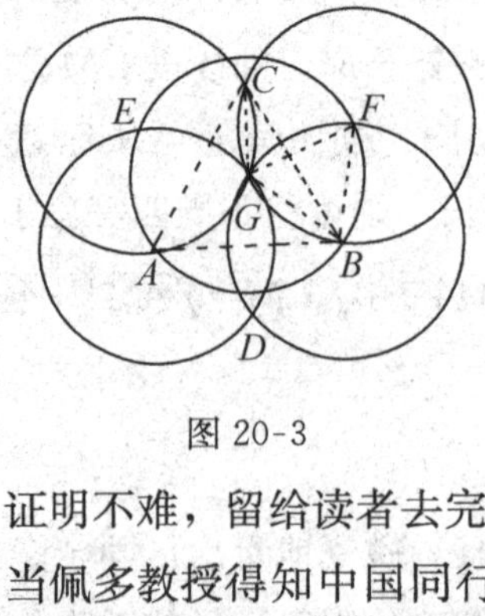

图 20-3

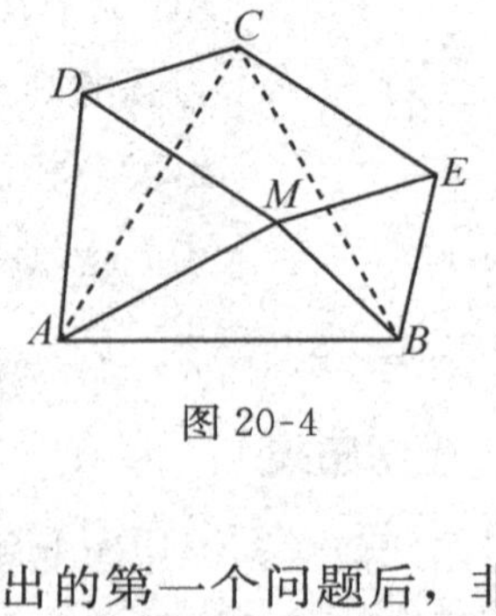

图 20-4

证明不难，留给读者去完成。

当佩多教授得知中国同行解决了他提出的第一个问题后，非常高兴。他希望他的第二个问题也能被解决。无独有偶，佩多教授的第二个问题被中国一个未考上大学的高中毕业生、山西自学青年侯晓荣解决了，且获得了比佩多教授提出的两个问题远为丰富的成果：一个生锈圆规可以作出以 AB 为边的正三角形、正五边形、正六边形、正八边形、正十七边形；用它也可以找出 AB 的三等分点、五等分点、任意等分点。总之，直尺和圆规能作的图形，用生锈圆规都能作出。

20.2　仅用直尺的作图

1. 问题的提出

仅用圆规作图的成功，鼓舞着人们仅用直尺作图的探索。那么，单用直尺是否可以完成圆规和直尺所有的作图呢？难度显然是很大的，因为甚至像“把一条直线延长成它的 2 倍”“找出一个未给出圆心的圆的圆心”这样简单的作图问题，只用直尺也是无能为力的。而用圆规作图就轻而易举了，其实也不足为奇，因直尺是半径为无限大的一种特殊的圆规。

2. 问题的解决

经瑞士数学家斯坦纳研究证明：任何一个可以用圆规直尺作出的图形(除圆弧外)，如果在平面内给出一个有圆心的定圆，只用直尺便可以作出。这个令人惊异的结论的证明，充分体现了斯坦纳超人一等的才智。他十分巧妙地将尺规作图的问题转化成在平面直角坐标系内只用直尺如何作点的问题。因为，要完成任何一个尺规作图的任务，只要完成下面四种作图就行了：

(1) 能作出直角坐标系，确定点 $(0,0)$、$(1,0)$、$(0,1)$。

(2) 将点投影到坐标轴上。

(3) 由点 $(a,0)$ 作出点 $(0,a)$，或反过来由点 $(0,a)$ 作出点 $(a,0)$。

(4) 对任意给出的两个点 $(a,0)$ 和 $(0,b)$，能作出 $(a\pm b,0)$，$(ab,0)$；当 $b\neq 0$ 时，能作出 $\left(\frac{a}{b},0\right)$；当 $a\geqslant 0$ 时，能作出 $(\sqrt{a},0)$。

在已知一个圆和它的圆心的条件下，斯坦纳证明了上面四个作图任务都可以只用直尺完成。他还给出了完成每个任务的巧妙方法。

3. 几个直尺基本作图

下面介绍几个仅用直尺便可完成的基本作图，证明就留给读者去完成。

(1) 已知直线 l 与线段 AB 平行，试只用直尺作出 AB 的中点。

作法如下：如图 20-5 所示，在直线 l 和 AB 以外任取一个点 E，连接 EA，EB，分别与 l 交于点 M、N，连接 MB、NA 交于点 D，再连接 ED 并延长交 AB 于点 C，则点 C 就是线段 AB 的中点。

(2) 已知直线 $m/\!/l$，A 是不在直线 m、l 上的一点，试只用直尺过 A 作 l 的平行线。

作法如下：如图 20-6 所示，在 l 上任取两点 M、N，按图20-5作出 MN 的中点 C，连接 AM、AN，在 AM 的延长线上取一点 E，连接 EC 与 AN 相交于点 D，连接 MD、EN 并延长相交于 B，则 $AB/\!/l$。

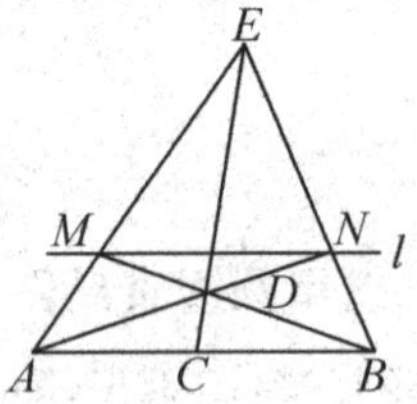

图 20-5

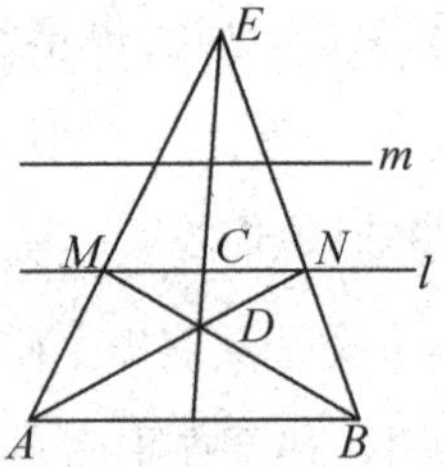

图 20-6

(3) 已知 BC 是圆的直径，A 是 BC 外的一点，试只用直尺过 A 作 BC 的垂线。

作法如下：如图 20-7 所示，设 A 在圆外，连接 AB、AC，分别交圆于 D、E，又连接 CD、BE，设交点为 M，连接 AM 并延长交 BC 于 F，则 $AF\perp BC$。

请读者自行完成点 A 在圆内时的作图的证明。

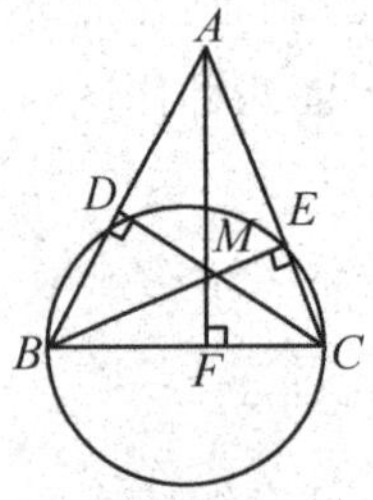

图 20-7

4. 证明的完成

[因篇幅所限，仅说明 2. 中提到的 (1)、(2) 两种作图]

如图 20-8 所示，过已知圆 O 的圆心任作两条直径 AC、BD，则 $ABCD$ 是一个矩形。利用$CD/\!/AB$，按图 20-8 的方法就可过 O 作 x 轴$/\!/AB$；同理可过 O 作 y 轴$/\!/BC$。令 O、E、F 点的坐标分别为 (0，0)、

(0, 1)、(1, 0)，就完成了 3 (1) 的作图；若已知点 P 的坐标为 $(a, 0)$ 时，只需过 P 作 $PQ /\!/ EF$，且 PQ 交 y 轴于 Q 点，则点 Q 的坐标为$(0, a)$。

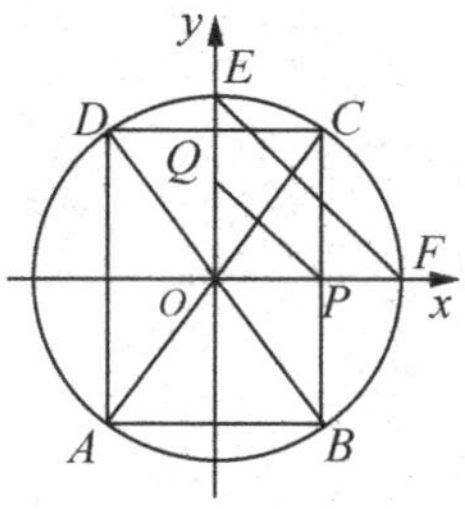

图 20-8

虽然斯坦纳从理论上保证了只用直尺作图的可能性，但谁也不愿意如此繁琐地去作图，然而，使人看到的是数学家的智慧，如何使笨拙的直尺变得灵巧，使得看来难以完成的作图是如何奇迹般地得以实现。

21 几何名题赏析

在两千多年的几何学的发展历史中，有许多的几何名题像一颗颗在天空闪烁璀璨的明星，光耀照人，对它们新的解法的寻求推动着几何学乃至整个数学的发展。它们是先哲智力的结晶，发人深思、耐人寻味；像一颗颗光彩夺目的明珠，供人欣赏而长久不衰。两千多年以来，几何历史上的“三大难题”也一直困扰着人们，直到19世纪前，各国的许多数学家曾为它们绞尽脑汁，企图用尺规作图来解决，虽然终究以失败而告终，但由此产生的一些新思路、新方法和由此派生出的名题，其意义恐怕超过了“三大难题”的解决。

我们从几何名题中挑出几件精品，加以介绍并领略其中的极妙意境。

21.1 希波克拉底定理（月牙定理）

人们在追求“化圆为方”的难题的解决过程中，发现有一些除圆以外奇妙的曲边图形的面积会和某个多边形面积相等。这种发现最早应归功于古希腊的几何学家希波克拉底。他首先发现了如下的结论：“以直角三角形两直角边向外作两个半圆，以斜边向内作半圆，则三个半圆所围成的两个月牙形（希波克拉底月牙）面积之和等于该直角三角形的面积。”（图21-1）下面给出它的证明：

设$\triangle ABC$为直角三角形，a、b为二直角边，c为斜边。由勾股定理有$a^2+b^2=c^2$，则有$\frac{1}{2}\pi\left(\frac{a}{2}\right)^2+\frac{1}{2}\pi\left(\frac{b}{2}\right)^2=\frac{1}{2}\pi\left(\frac{c}{2}\right)^2$。即直角边上两个半圆面积之和等于斜边上半圆的面积。

再从上面等式中，两边同时减去图中不带阴影两个月牙形面积S_1、S_2，便可得出结论：“直角边上的两个月牙形的面积之和等于直角三角形的面积。”

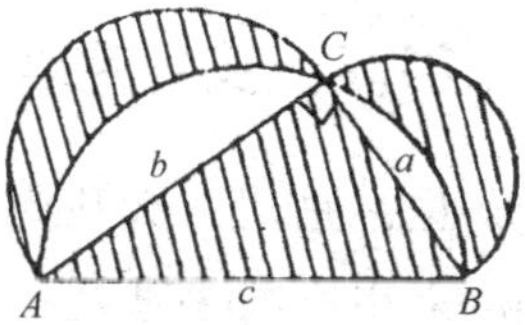

图 21-1

希波克拉底对几何学的贡献很大，他的《几何纲要》是几何学的第一本教科书，据说包括了欧几里得《几何原本》的前四卷内容。希波克拉底曾致力于“化圆为方”和“立方倍积”问题的研究。而他的“月牙定理”的发现，曾给数学家以很大的鼓舞，认为“化圆为方”问题也不难解决了。包括希波克拉底也这样认为。他曾先将一般直角三角形改为等腰直角三角形，并指出：“正方形边上的两个月牙形面积之和等于该正方形面积之和的一半”（图21-2）。

这显然是对的。但他未加证明“想当然”地将圆内接正方形的结论“推广”到圆内接正六边形：“正六边形三边上的月牙形面积之和等于正六边形面积的一半”（图 21-3）。这显然是错误的，而他在此错误基础上却引出了更错误的结论：“圆可以化为方。”

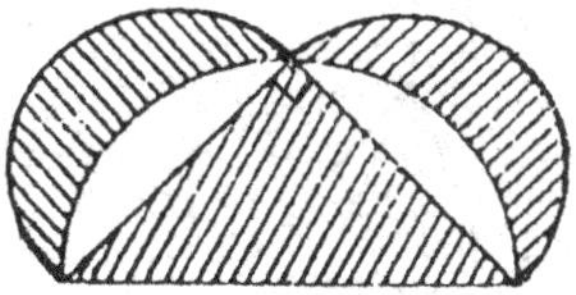
图 21-2

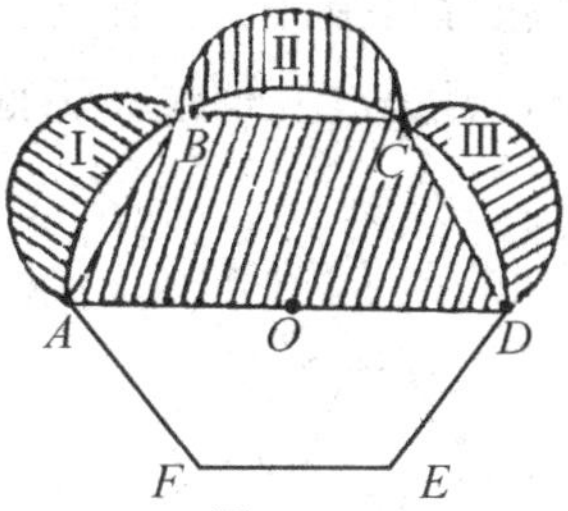

图 21-3

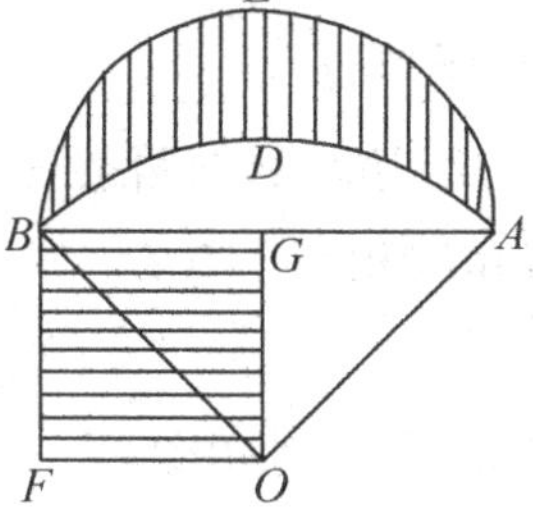

图 21-4

月牙定理结论的优美令人称奇不已，显示了割补的技巧，终于使人相信一个曲边形的面积竟可以用一个直边形的面积代替。这就大大开启了我们的心灵之窗。其实希波克拉底还作出了一个与月牙形等积的正方形（图 21-4），即

$$S_{月牙ADBE}=S_{正方形BFOG}$$

应该承认希波克拉底解决问题的方法是天才的。但他在处理所谓的“化圆为方”的问题时，却犯了对命题未加证明就“想当然”作出结论的毛病，从而得出了错误的结论。这一著名实例对我们学习数学的青年人是很有借鉴作用的。

21.2 莫利定理

也许是“三大几何难题”让人绞尽脑汁也难以获解，因而人们长期以来也不敢去涉及角的三等分线问题。自欧几里得之后的几千年内未发现有关角的三等分方面的结果。然而到1904年，英国著名的代数几何学家莫利却发现了一个惊人的结论，即所谓的“莫利定理”：将任意三角形的内角三等分，则与每边相邻的两条三等分线的交点构成了一个等边三角形（图21-5）。结论是这么漂亮、优美，简直难以置信。这一惊人的结果，被誉为自欧几里得以来所发现的最为优美的定理，是初等几何的一颗明珠。

莫利是数学家，他的最后50年是在美国度过的，但他一直未放弃英国籍。1904年，莫利给英国剑桥的一位朋友的信中提到过这个定理，20年后才在日本发表。此期间这个定理再次被发现并作为问题征解出现在《教育时报》上。在送交的众多答案中，纳拉尼恩加给出的证法最为简洁，且是纯几何法。下面我们来介绍他的证法（图21-6）。

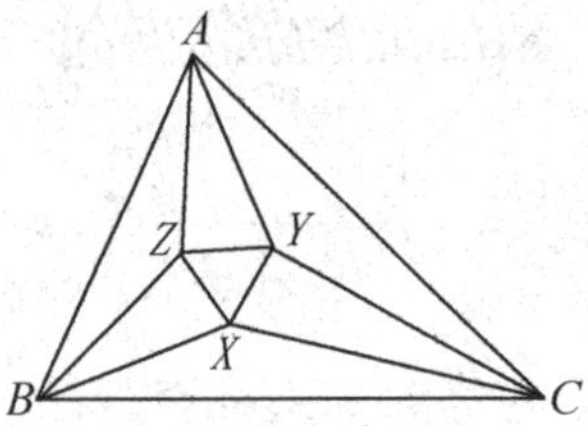

图21-5

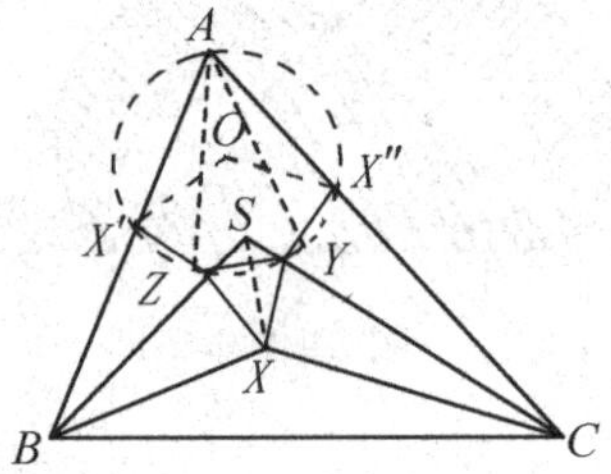

图21-6

设$\triangle ABC$的$\angle A=3\alpha$，$\angle B=3\beta$，$\angle C=3\gamma$。与BC边相邻的两条三等分分角线相交于X，$\angle B$和$\angle C$的另两条三等分分角线相交于点S，则点X为$\triangle SBC$的内心，从而线段XS平分$\angle BSC$。

在SX两侧分别作$\angle SXZ=\angle SXY=30°$，点$Z$、$Y$分别在线段$BS$、$CS$上，则$\triangle SXZ\cong\triangle SXY$，所以$XZ=XY$，又$\angle ZXY=60°$，所以$\triangle XYZ$为等边三角形。

下面证AZ、AY三等分$\angle A$：

分别在BA、CA上截取$BX'=BX$，$CX''=CX$，则$\triangle BZX'\cong\triangle BZX$，从而$ZX'=ZX=ZY$，同理有$YX''=ZY$，

$\therefore\quad X'Z=ZY=YX''$

且$\angle X'ZY=360°-2\angle BZX-60°$

$$=360°-2\left(\frac{1}{2}\angle S+30°\right)-60°$$

$$=240°-\angle S=240°-(180°-2\beta-2\gamma)$$

$$=60°+2(\beta+\gamma)=60°+2(60°-\alpha)$$

$$=180°-2\alpha$$

同理可证$\angle ZYX''=180°-2\alpha$

作$\triangle X'ZY$的外接圆O，由对称性可知X''也在外接圆O上。

易证圆心角$\angle X'OZ=\angle ZOY=\angle YOX''=2\alpha$。故$\angle X'OX''=6\alpha$。又因为$\angle A=3\alpha$，所以点$A$也在圆$O$上，又弦$X'Z=ZY=YX''$，得$AZ$，$AY$为$\angle A$的三等分线，从而命题得证。

莫利定理可进行引申和推广，得到许多优美的结论。如把任意三角形的内角三等分线改为外角三等分线，则与每边相邻的三等分线的交点构成了一个等边三角形。

把内角外角的三等分线结合起来，则有：每一内角的两条三等分线与不相邻的外角四条三等线中与每边相邻两线的交点，构成了一个等边三角形。

更有趣的是1939年法国数学家勒贝格在他的一篇论文中指出：在三角形的所有三等分线中，可以找出27个点，它们都是等边三角形的顶点。

有兴趣的读者，您不妨去仔细品味定理的内容，探索各种证法与推广，一定能使您在精神上得到巨大的享受。

21.3　蝴蝶定理

几何上的一些重要定理，有的是以发现者的名字命名（如莫利定理），有的是以其主要性质命名（如勾股定理），也有的是以几何形状来命名的。蝴蝶定理就是其中的一例。

蝴蝶定理：设PQ是圆的一条弦，过PQ的中点M再作两条弦AB、CD，弦AD、BC分别交PQ于点E、F，则$ME=MF$（图21-7）。

由于其形状像一只翩翩起舞的蝴蝶，因此大家称该命题为“蝴蝶定理”。

1815 年英国的一家通俗杂志《男士日记》作为征解刊出了该题，百余年来出现过许多优秀的解法。它的第一个证明是 1815 年英国数学家霍纳给出的，但证明十分繁琐。在国外资料中初等的证明方法一般认为是由一位中学教师斯特温给出的，他用的是面积法。

蝴蝶定理自 1985 年由杜锡录教授介绍到我国后，蝴蝶定理的美名便在神州大地上传开，并引起了许多数学爱好者的兴趣，提供了许多优美的证法。下面介绍一种初等数学的简便证法，供读者欣赏（图 21-8）。

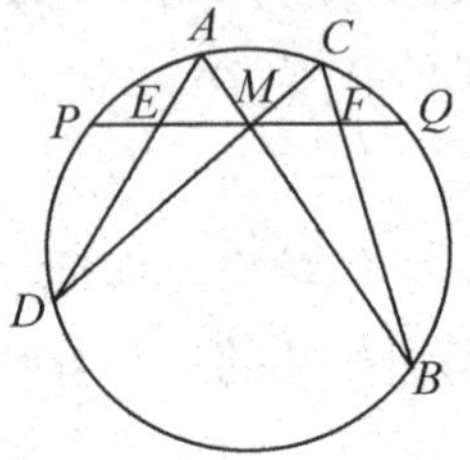

图 21-7

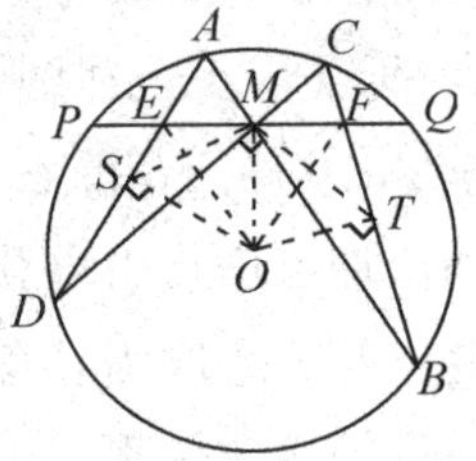

图 21-8

过圆心 O 作 $OS \perp AD$ 于 S，$OT \perp AD$ 于 T。连接 OE、OF、OM、SM、TM。

∵ $\triangle AMD \backsim \triangle CMB$，且 $DS=\frac{1}{2}AD$，$BT=\frac{1}{2}BC$

∴ $\frac{DS}{BT}=\frac{DM}{BM}$，又∵ $\angle D=\angle B$

∴ $\triangle MSD \backsim \triangle MTB$；又 $\angle MSD=\angle MTB$

∴ $\angle MSE=\angle MTF$；又 O、S、E、M 与 O、T、F、M 均满足四点共圆，

∴ $\angle EOM=\angle FOM$

又∵ $OM \perp PQ$，∴ $ME=MF$

蝴蝶定理由于其美丽的图形引起了世人的广泛兴趣。因此，对它的证明可算是形式多样，五彩缤纷。除了上述证法外，还有面积法、三角证法、计算法、综合法、不等式法、极限法等。1988 年中国科技大学的单樽博士给出了一个漂亮的解析证法。而且，将蝴蝶定理中的圆换成

任意圆锥曲线（椭圆、双曲线、抛物线）命题仍然能成立。

在几何学中，有许多形状优美的几何名题因篇幅所限不能一一介绍。仅从以上介绍的三个定理使我们感到，不仅仅文学、音乐、美术、戏剧、电影、电视等能给人以美感，在数学里面，面对这些优美的图形和它们证明的过程中，都能给人以愉悦、以惊奇、以赞叹、以振奋、以满足、以陶醉。这实际就是一种审美感受。

每一道几何名题就是一件精美的艺术品。

22 不可能的图形

古往今来，不可能的图形（即自相矛盾的图形）刺激着艺术家、数学家们的智力，早期的不可能图形大概是由于艺术家们错误的透视画法所造成，也有的是画家（或数学家）故意设计的。

22.1　三接棍

图 22-1

1958 年美国的《心理学杂志》上，彭罗斯发表了他的不可解的三接棍，如图 22-1 所示。他称之为立体的矩形构造：三个直角并显示出垂直，但它是不可能存在于空间的，因为在这里三个直角似乎成了一个“三角形”但三角形是平面而非立体的图形，三个内角和为 180°，而非 270°。

22.2　没有尽头的楼梯

20 世纪 50 年代，罗格和彭罗斯写了论不可能图形的文章，文章描述了一种“没有尽头的楼梯”，踏着楼梯好像是一步一步地上升，然而楼梯都是停留在一个水平面上，如图 22-2 所示。

图 22-2

22.3　三柱两拱结构

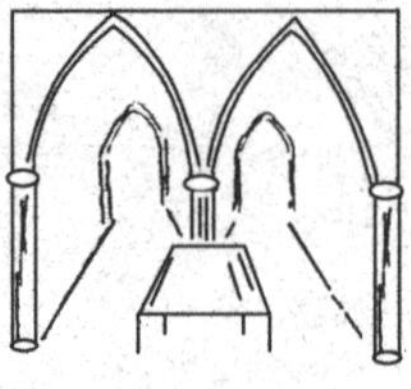

图 22-3

人们在修复 15 世纪荷兰布达拉的柯克的作品中发现了一幅三柱两拱结构的不可能的图形（图 22-3）。图中的三柱是共面的，但前面的弯拱出现在它上面，而第三根柱基却出现在背景里，成了一个不可能的图形。

22.4 国际数学家大会的会标

荷兰著名画家埃舍尔被认为是20世纪公认的视错觉画大师。他的作品以其深刻的数学、物理含义特别得到科学家的重视。如图22-4所示，是他为第十届国际数学家大会（1981年奥地利）所作的会标，就是一个三维空间不可能的图形。类似的图形（图22-5），被称为海蜇的视觉幻影。

图 22-4

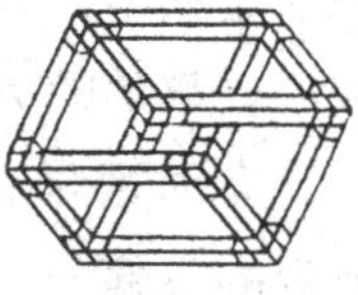

图 22-5

23 几何与日常生活

您如果远离数学，就会认为数学是“高高在上”，“可望而不可即”的；您如果亲近数学，就会觉得它可亲可爱。您甚至会发觉数学与现实也是如此接近。数学的美也体现在它的应用。生活中处处有数学，处处可用上数学，有时数学会为您帮上大忙，培养学生的“用数学意识”，也是素质教育的一部分。

下面列举几件几何在日常生活中的应用。

23.1 最佳观画位置

某艺术馆举行美术展览。一幅名画高 9 尺，挂在墙上后底边离地面 8 尺。如果有一个人眼睛离地面 5 尺，问此人站在离墙面多远时，观画效果最好?

说明：当此人眼睛与画的上、下高度所形成的视角最大时，观画效果最好。

如图 23-1 所示：画高 $AD=9$（尺），画底边离地面距离为 $DF=8$（尺），人眼离地面距离为 $CF=5$（尺），则有 $DC=8-5=3$（尺）。由此问题转化为在高出地面 5 尺的水平线 CP 上找一点 B 使 $\angle ABD$ 最大。

由平面几何知识知：只需作一过 A、D 两点且与水平线 CP 相切于 B 点的圆，则$\angle ABD$ 最大。

事实上，我们再在水平线 CP 上任取一点 B'，连接 AB'且与圆周相交于点 G，再连接 DG，DB'，则有$\angle ABD=\angle AGD>\angle AB'D$，可知视角$\angle ABD$ 最大。

下面再计算这时此人离墙的距离 BC 之长：将点 C 看成是圆外一点，则 CA 是圆的割线，CB 是圆的切线，由切割线定理有 $CB^2=CA\cdot CD=$

$12\times3=36$，所以 $CB=6$（尺），故此人站在离墙面距离 6 尺时，观画效果最好。

由此可以看出，欣赏某一幅艺术品时，不见得离此物品越近越好。

说明：此题曾改编作为一道高考题，是利用求三角函数极值来做的。其实利用以上的平面几何方法，初中学生也可作出。

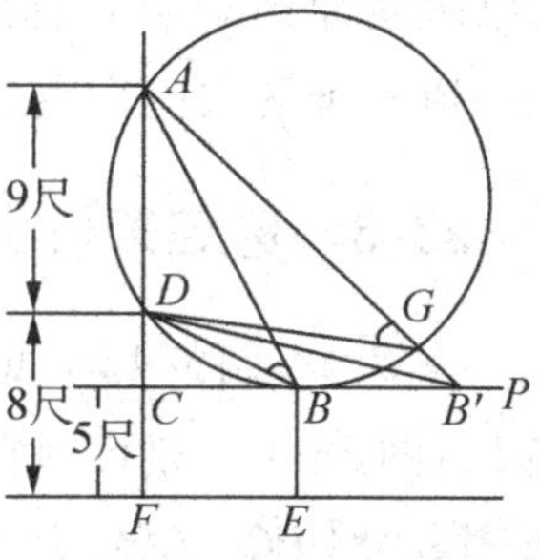

图 23-1

23.2 足球射门

有甲乙两支足球队进行比赛，甲队右前锋传一沿直线 l 球至乙队门前（球门为 AB），若甲队中锋赶上，应在直线 l 上哪一点射门，进球的机会最大？

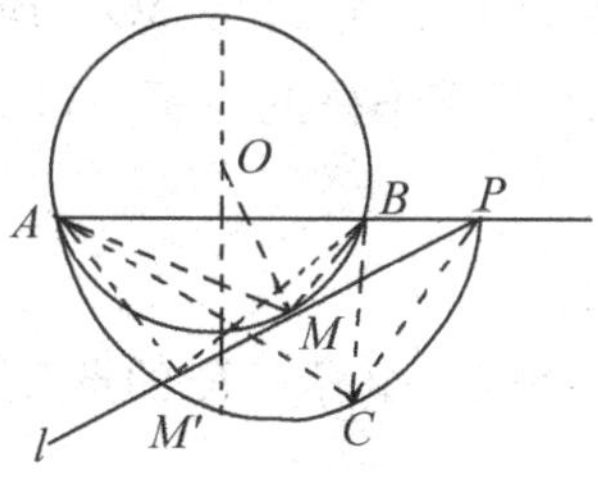

图 23-2

分析：问题实质是在直线 l 上找一点 M，使 $\angle AMB$ 最大，则 B 点乃是他选取的最佳点。

如图 23-2 所示：设直线 l 与线段 AB 的延长线相交于 P，以 AP 为直径作半圆，再过 B 作 $BC\perp AP$ 交半圆于 C，再以 P 为圆心，PC 为半径作弧与直线 l 相交于 M，则 M 点为最佳射门点。下面我们来加以证明：

连接 PC、AC，因 AP 为半圆直径，所以，有 $\angle ACP=90°$，又 $\because BC\perp AP$，在 $\mathrm{Rt}\triangle ACP$ 中有 $PC^2=PB\cdot PA$，而 $PM=PC$，$\therefore$ 有 $PM^2=PB\cdot PA$，由切割线定理的逆定理知 B、A、M 必在同一圆周上。过 M 作 l 的垂线与 AB 的中垂线相交于 O，以 OA 为半径作圆，则圆 O 必与直线 l 相切于 M。连接 MA、MB，则 $\angle AMB$ 对 AB 的张角最大。证明可仿上题可求得 $\angle AMB>\angle AM'B$（M' 为 l 上异于 M 点的任意一点）。

下面举一足球射门的问题，请读者自行判别，如图 23 3 所示。

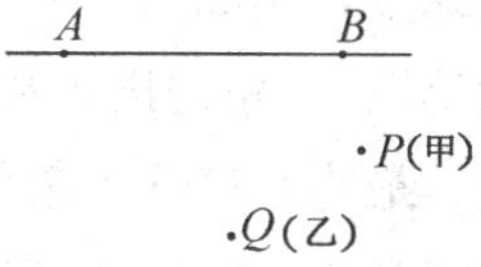

图 23-3

在足球比赛场上，甲、乙两名队员相互配合向对方球门 AB 进攻，当甲带球冲到 P 点时，

乙已跟着冲到 Q 点，问此时是甲射门好，还是将球传至乙射门好？这是一道不难解决的问题。

23.3 选定架桥位置

公园内有两条小河 AO、BO 在 O 处汇合，两河形成的半岛上有一处古迹 P（图 23-4）。现计划要在两条小河上各建一座小桥 Q、R，并在小岛上修三段小路 PQ、QR、RP 连通两座小桥与古迹，这两座小桥应建在何处，才能使修路费用最小？

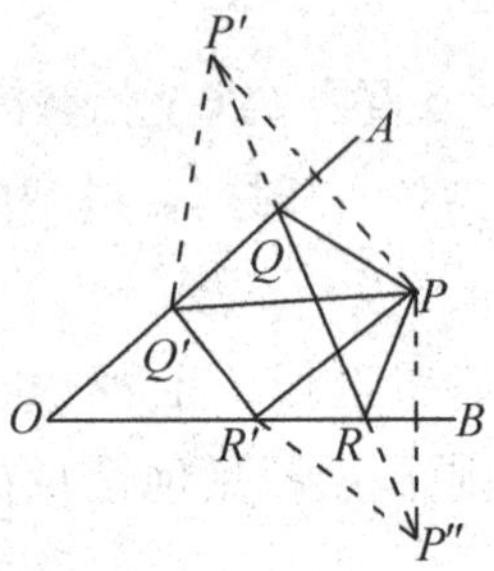

图 23-4

分析：要使修路费用最小，只需使△PQR 的周长最小。下面我们来看 Q、R 两座小桥具体怎样选取。

作 P 点关于 AO 的对称点 P'，再作关于 BO 的对称点 P''，连接 $P'P''$，分别与 AO、BO 相交于 Q、R，即为所求两座小桥的位置。这时△PQR 的周长最小。

下面给出它的证明：

在 AO 上取一个异于 Q 的点 Q'，在 BO 上任取一个异于 R 的点 R'，并连接 $P'Q'$、$Q'R'$、$R'P''$。

∵ $PQ+QR+RP=P'Q+QR+RP''=P'P''$

而 $PQ'+Q'R'+R'P=P'Q'+Q'R'+R'P''>P'P''$

∴ $PQ+QR+RP<PQ'+Q'R'+R'P''$

故知△PQR 的周长最小。

23.4 台球桌上的数学

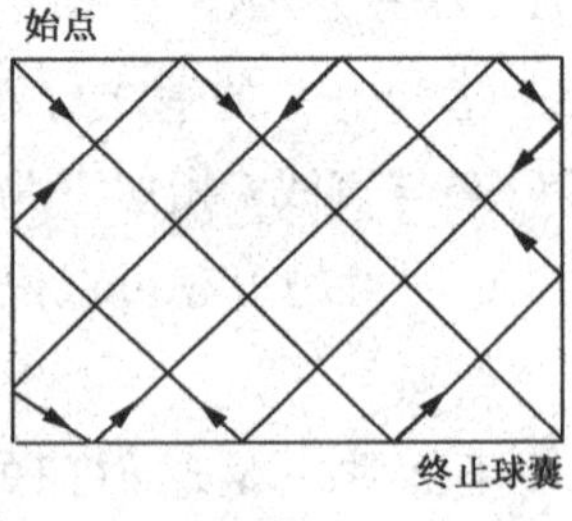

图 23-5

在玩台球游戏中，竟然也用上了数学。如图 23-5 所示，给出一张长宽为整数比的台球桌，例如这个比为 7∶5。一个球从一个角落以 45°角击出，在桌子边沿上回弹若干次后，最终必将落入角落的一个球囊。事实上，回弹的次数跟台球桌长与宽的最简整数比 $m:n$ 有关。到达一个角落前的回弹次数$=m+n-2$，故在上述台球回弹的总数为 $7+5-2=10$（次）。

23.5 柳卡问题

这是一个著名的数学问题，因由数学家柳卡提出，故称柳卡问题。法国数学家柳卡，在19世纪的一次国际会议期间，一天在来自世界各地的数学家参加的晚宴上，向在座的数学家提出了一个被称为“最困难”的问题：

“每天中午有一艘轮船从法国巴黎的勒阿弗尔开往美国的纽约，且每天同一时间也有一艘轮船从纽约开往勒阿弗尔。轮船在途中都需要七天七夜。假定所有轮船都以同一速度、同一航线行驶。问某艘从勒阿弗尔开出的轮船，在到达纽约时，能遇到几艘从纽约开来的轮船?”

问题提出后，一时竟难住了这些数学家。经过一番思考后，有的说遇到了7艘，有的说是14艘，但都回答不全面，连柳卡本人也不知到底是多少？直到过了一段时间后，才被一位数学家画了一张实验性的“时间——路程图”（又称运程图）简单得出人意料地将此问题解决了（图23-6）。从图可清楚地看出某艘从勒阿弗尔开出的轮船在中途遇到从纽约开过来的轮船13艘，加上开航时与启航时相遇的两艘，共有15艘，这样所谓的柳卡问题（会船问题）便彻底获得了解决。

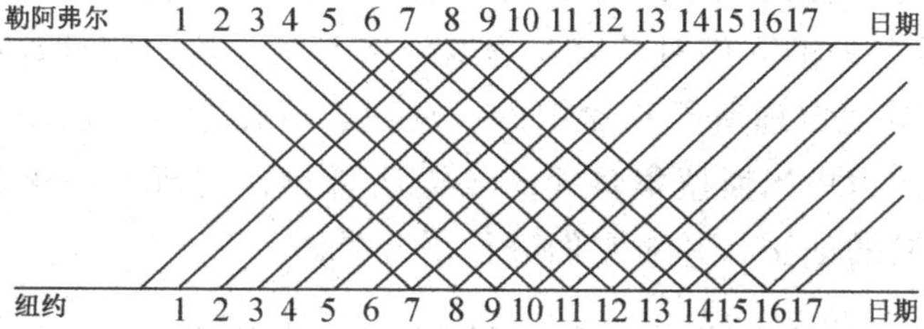

图 23-6

24 漫话勾股定理

“在直角三角形中，两条直角边的平方和，等于斜边的平方。”我国古代，称直角三角形的两条直角边为“勾和股”，称斜边为“弦”。因而此结论在我国称为“勾股定理”，是我们最熟悉的一个平面几何定理。

早在周朝初年的公元前1100年，我国就发现了勾股定理的一个特例——勾三、股四、弦五。在我国古算书《周髀算经》中就已经介绍了勾股定理这一结论，但未予以证明。公元3世纪，三国时吴国的数学家赵君卿给出了勾股定理的一个巧妙的证明。

在西方，这个定理称为“毕达哥拉斯定理”，在公元前500余年由古希腊数学家毕达哥拉斯发现。相传，毕达哥拉斯发现这一定理时，曾宰牛百头，广设盛筵以示庆贺，可知对这一定理的重视。

勾股定理提出距今虽已有两千余年，但各种证明方法仍接连涌现，世界各地的人们对其着迷程度依然不减。这一定理证明方法之多是任何其他定理所无法比拟的。据说，现在世界上已找到了证明400多种，由卢米斯搜集整理的《毕达哥拉斯定理》一书就给出了370种不同的证法，并对它们进行了分类。

24.1 勾股定理的几种特殊而美妙的证法

1. 赵君卿证法

三国时，吴国的数学家赵君卿提出了以下巧妙的证法：图24-1、图24-2是两个全等的正方形，双方都去掉四个全等带阴影的直角三角形后，两正方形中剩下的部分面积应相等，可知有

$$a^2+b^2=c^2$$

2. 加菲尔德证法

美国第20任总统加菲尔德对数学有着浓厚的兴趣。1876年，当他还

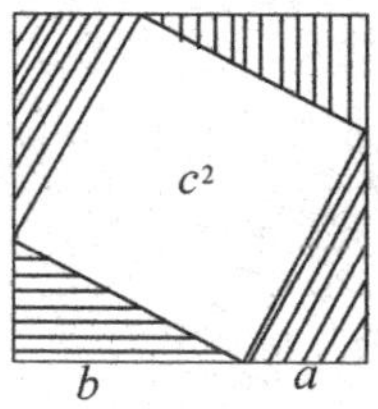

图 24-1

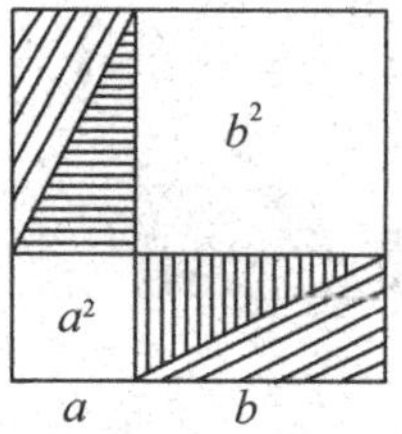

图 24-2

是一名众议员的时候，就发现了对勾股定理的一种巧妙的证法，并发表在《新英格兰教育杂志》上。如图 24-3 所示，他是用两种方法来计算同一个梯形面积的。

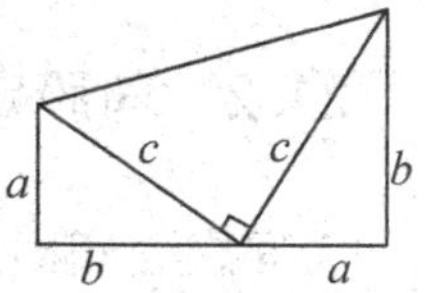

图 24-3

$$梯形面积=\frac{1}{2}(上底+下底)\times 高$$

$$=\frac{1}{2}(a+b)(a+b)$$

又 $$梯形面积=三个直角三角形面积之和$$

$$=\frac{1}{2}ab+\frac{1}{2}ab+\frac{1}{2}c^2$$

于是有 $\frac{1}{2}(a+b)(a+b)=\frac{1}{2}ab+\frac{1}{2}ab+\frac{1}{2}c^2$，即 $a^2+2ab+b^2=ab+ab+c^2$，所以有 $a^2+b^2=c^2$。

3. 折叠剪纸的证明

将以 b 为边的正方形剪成 4 块（图 24-4），和以 a 为边的正方形（图 24-5）共 5 块图形合成一个以 c 为边的正方形（图 24-6），它显示出 $a^2+b^2=c^2$。

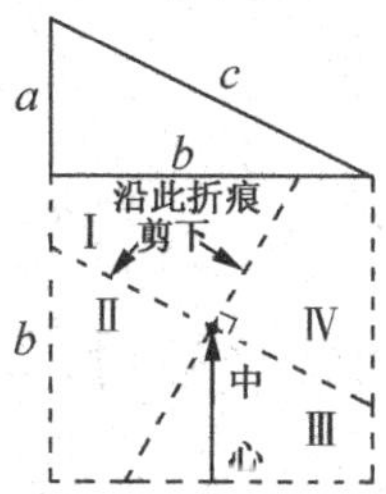

图 24-4

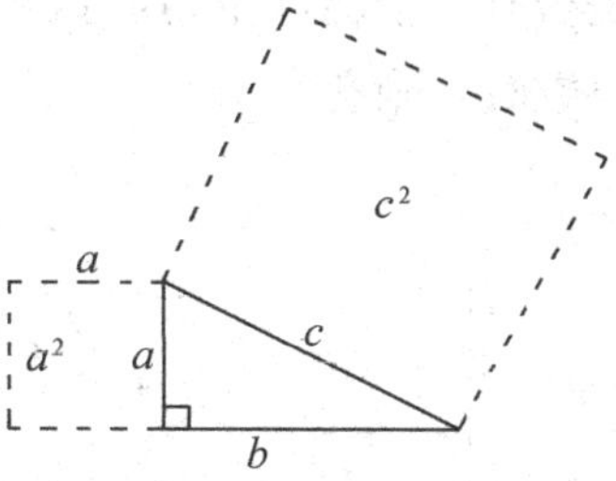

图 24-5

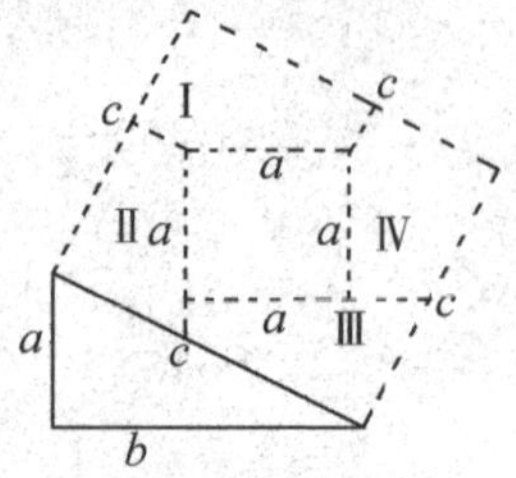

图 24-6

24.2 勾股定理与无理数

无理数是无限不循环小数。如$\sqrt{2}=1.41421356\cdots$，$\pi=3.141592653\cdots$，等，为了获得更为精确的近似值，如今已可用高功率计算机和无穷数列可将这些近似小数求到任何精确的程度，然而我们应考虑耗费的时间和效果。

令人惊奇的是，对于许多无理数，用勾股定理可以将其准确地求出。古希腊数学家用勾股定理作出了一些长度为无理数（与单位长度相比）的精确线段。

如$\sqrt{2}$，$\sqrt{3}$，$\sqrt{5}$，$\sqrt{6}$，$\sqrt{7}$，……这些线段的长度都可以用勾股定理作出。然后利用圆规画弧将其定位于数轴上。图 24-7 是 $\sqrt{2}$ 的线段的作法。

24.3 勾股数组

所谓勾股数组，是由三个正整数组成的集合，这三个数符合以下关系：即其中两个数的平方和，等于第三个数的平方。

是否有一个能产生勾股数组的公式？古希腊人曾发现，当 m 是一个正整数时，则有

$$\left(\frac{m^2+1}{2}\right)^2=\left(\frac{m^2-1}{2}\right)^2+m^2$$

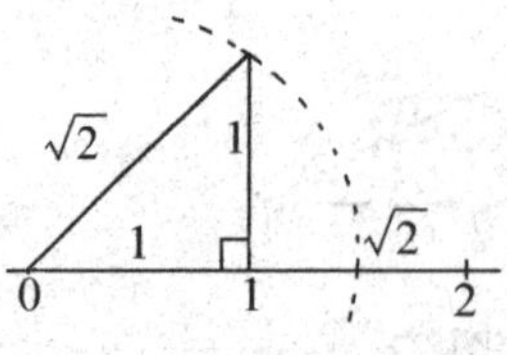

图 24-7

当 m 取大于 1 的正奇数时，m、$\frac{m^2+1}{2}$、$\frac{m^2-1}{2}$是一组勾股数组。如当 $m=15$，$113^2=112^2+15^2$，所以 15、112、113 是一组勾股数组。

显然当 m 取正偶数时，不能组成勾股数组。

柏拉图公式 $(m^2+1)^2=(m^2-1)^2+(2m)^2$，这个公式也同样不能给出所有的勾股数组，因 m^2+1 与 m^2-1 只差 2，所以像 7、24、25 这样的勾股数组就不能给出。

欧几里得公式：如果 x,y 是正整数，则有 $(x^2+y^2)^2=(x^2-y^2)^2+(2xy)^2$

$\therefore a=x^2-y^2, b=2xy, c=x^2+y^2$，$\therefore$ 有 $a^2+b^2=c^2$。

这个公式能产生所有勾股数组。

24.4 勾股定理的推广

1. 推广 1——边上图形一般化

勾股定理有如下关系：$a^2+b^2=c^2$。即给出一个直角三角形，立于直角边 a、b 边上的两个正方形面积之和，等于立于斜边 c 上正方形的面积（图 24-8）。

假如我们把立于直角边上和斜边上的正方形，用其他相似图形代替，它们的面积是否也有以上的关系呢（图 24-8）？

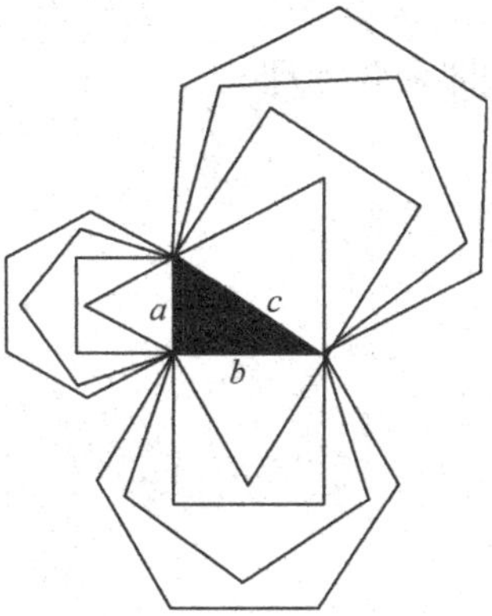

图 24-8

欧几里得在《几何原本》中记述了该定理的一个推广，即“直角三角形斜边上的一个多边形，其面积等于两直角边上两个与它相似的多边形面积之和。”（图 24-8），并给出了一般性证明：设 a、b、c 三边上所立三个相似多边形的面积分别为 S_a、S_b、S_c，$\because \dfrac{S_a}{S_c}=\dfrac{a^2}{c^2}, \dfrac{S_b}{S_c}=\dfrac{b^2}{c^2}$，$\therefore S_c \cdot a^2=S_a \cdot c^2, S_c \cdot b^2=S_b \cdot c^2$，相加，得

$S_c(a^2+b^2)=(S_c+S_b)c^2$，$\because a^2+b^2=c^2$，$\therefore$ 有 $S_a+S_b=S_c$

2. 推广 2——边上图形不相似

帕普斯是公元前 300 年的一位古希腊数学家。他证明了勾股定理的一个有趣的变形：即将立于直角三角形边上的正方形改为平行四边形（不一定相似），但需按以下步骤构造平行四边形（图 24-9）：

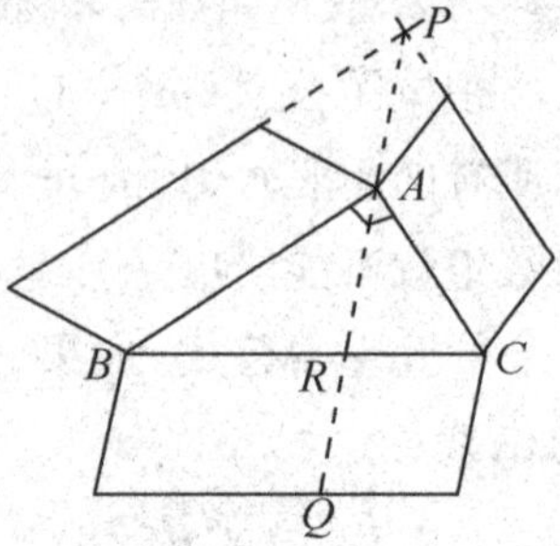

图 24-9

(1) 在两直角边上构造任意大小的两个平行四边形。

(2) 延长此两平行四边形的边使其相交于点 P。

(3) 连接 PA 并延长使其与 BC 相交于点 R，并取 $RQ=PA$。

(4) 以斜边 BC 为一边画平行四边形，并使其另一组对边与 RQ 平行且相等。

作出的三个平行四边形面积会有如下关系："立于斜边上的平行四边形的面积等于立于直角边上其他两平行四边形面积之和"。

至于如何证明，留待读者去思考。

3. 推广 3——推广为任意三角形

若 a、b、c 分别表示任意$\triangle ABC$ 的三条边长，C 为边 c 的对角，则有

$$c^2=a^2+b^2-2ab\cos C$$

此即余弦定理。

25 离奇的求 π 方法

您知道吗？我们计算 π，除了用几何法、数列法、连分数法和现代计算机计算，还有一种不用繁杂计算的稀奇方法——实验法。

精确性是经典数学的一大特点，各种精确的计算公式和无懈可击的定理正是这种特点的表现之一。但现实生活中的许多问题，要找到描述它们的精确的数学公式却是十分困难的，甚至难以办得到。对于某些具有偶然性的事件更是如此。

25.1 蒲丰实验

法国博物学家蒲丰，在研究偶然事件的规律时曾发现，有时数学问题无须进行繁杂的运算而只需通过实验会有其必然性的结果。由他设计的抛针计算圆周率 π 的实验就是应用这种方法的一个著名例子。

蒲丰实验：在一张纸上，用尺画一组相距为 d 的平行线，用一根粗细均匀长度小于 d 的小针扔到画了线的纸面上，并记录着小针与平行线相交的次数。如果抛针的次数非常之多，则由扔出的次数和小针与平行线相交的次数，通过某种运算，便可求出 π 的近似值。历史上曾有不少数学家作过这个实验，结果如下表。

实验者	年份	投掷的次数（n）	π 值
乌尔夫	1850	5000	3.1596
史密斯	1855	3204	3.1553
福克斯	1894	1120	3.1419
拉兹里尼	1901	3408	3.1415929

由表可看出，由抛针实验所得出的结果与 π 值的确相近。

但也看出，拉兹里尼实验次数比乌尔夫少，但 π 的精确度反而高。由此知，不一定实验次数越多，精确度就一定越高。

25.2 抛针实验与 π

为什么从一些随意抛针实验中，会与圆周率 π 发生联系呢？我们先看一个假想的试验：

找一根铁丝弯成一个圆圈，使其直径等于两平行线间的距离 d。那么，无论怎样扔下圆圈，都会和平行线有两个公共点（或者是两个交点或者是两个切点），如图 25-1 所示。如果抛 n 次，则圆圈与平行线相交 $2n$ 个点次。如果把圆圈拉直成一根针，则针长 $EF=\pi d$，这样，针 EF 与平行线相交的方式有：4 个交点，3 个交点，2 个交点，1 个交点，0 个交点，如图 25-1 所示。由于这是随机过程的多次重复试验，总的可能性和它在圆周形式下相同。因而，将针 EF 抛 n 次，它与平行线相交乃 $2n$ 个点次。经过多次（数千次）重复试验，证实针长 EF 与平行线相交点的次数 m 将随着试验次数增大，而逐渐向 $2n$ 逼近。如果用不同长度的针 l，l' 投掷，它们与平行线相交的次数与针 l，l' 的长度 l，l' 成正比。

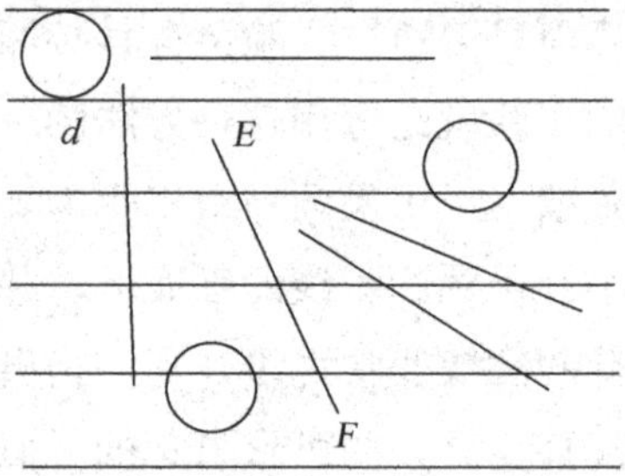

图 25-1

由上可知，用针长为 l 的针与针长为 πd 的针 EF，分别投掷 n 次，则它们分别与平行线交点的次数 m 与 $2n$ 之比为 $\frac{m}{2n}=\frac{l}{\pi d}$，即 $\pi=\frac{2nl}{md}$，如果我们取 $l=\frac{d}{2}$，则有 $\pi=\frac{n}{m}=\frac{\text{投抛总次数}}{\text{碰线总次数}}$，这个试验的设计和公式，首先是由法国博物学家蒲丰在论文“或然性算术尝试”中提出的。

1901 年，意大利的拉兹里尼，使用长为 $l=0.83d$ 的针，投抛了 3408 次，求出 π 的近似值 3.1415929，准确到小数点后 6 位。这不但为圆周率的研究开辟了一条新路，并逐渐发展成为一种新的数学方法——统计试验法（又叫"蒙特卡罗方法"）。现在这个工作尽可全部交由计算机，在几秒钟之内便可完成。

25.3 另一种奇特的求 π 方法

您相信吗？如果让一些人，每人任意随机地写出几个正整数对，然后由写出的所有正整数对中，检查多少对正整数是互质的，再由互质的对数与所有给出的正整数对的比，竟可求得 π 的近似值。这实在是出人意料，简直是超出了常人的想象力，而使人感到震惊！

事实上，有人就作过这样的试验。大约在 1904 年，查里斯叫 50 名学生每人随机地写出 5 对正整数，在所得的 250 对正整数中，他发现有 154 对是互质的，这样出现的互质数对的概率便是$\frac{154}{250}$。如果把这个数目说成$\frac{6}{x^2}$，则可算出 $x=3.12$，而 $\pi=3.14159\cdots$，"奇迹"终于出现了！

要严格证明上述概率是$\frac{6}{x^2}$，需要用到较高的数学知识，而且很难找到像蒲丰实验那样巧妙的设计与证明。我们只能通过以下简单的例子而得到解释。

随机地写出两个小于 1 的正数 x 与 y，它们与数 1 一起组成三数组 $(x, y, 1)$。这样的三个数正好是一个钝角三角形三边的概率是$\frac{\pi-2}{4}$。这个实验与查里斯实验的结果是极其相似的。但是它的证明却无须用到很多的数学知识。由于 $0<x, y<1$，所以，以数对 (x, y) 确定的点必均匀分布在单位正方形内。也就是对应的点 (x, y) 出现在正方形中每一处的机会都相等。如果符合条件的点（指三数 $(x, y, 1)$ 能构成钝角三角形的数对 (x, y) 对应的点），落在一个阴影区域 G 内，如图 25-2 所示，根据机会均等原则，所求概率应为$p=\frac{G\text{的面积}}{\text{正方形面积}}$，我们再来考虑以 x，y，1 为边长的钝角三角形，如图 25-3 所示，由于 $0<x, y<1$，可知 x，y 边所对的角都是锐角，只有为 1 的边所对的角 A 为钝角，在 $\triangle ABC$ 中，由余弦定理，有 $1^2=x^2+y^2-2xy\cos A$，即 $x^2+y^2=1+2xy\cos A$，由于 $\cos A<0$，所以 $2xy\cos A<0$，故得

$$x^2+y^2<1 \tag{25.1}$$

此即△ABC为钝角三角形的充要条件。

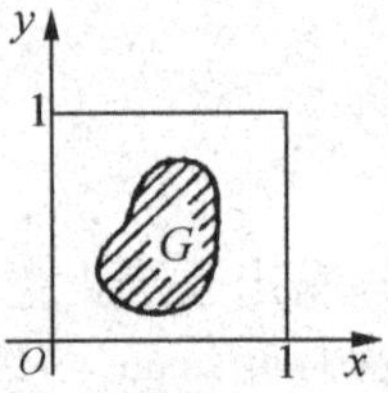

图 25-2

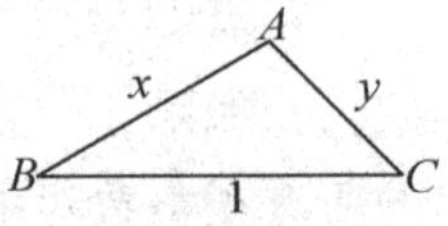

图 25-3

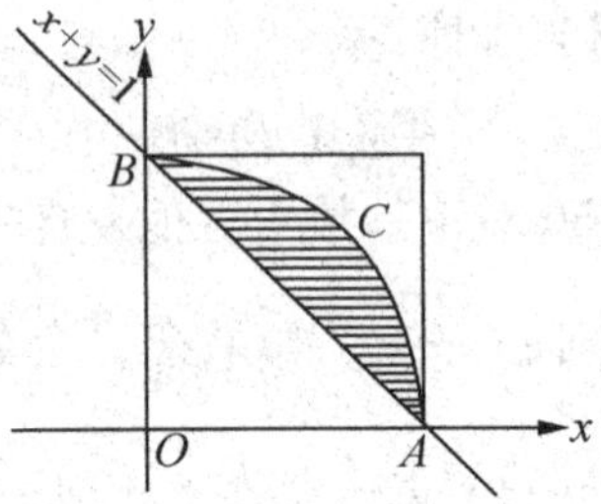

图 25-4

而以三数（x，y，1）为边构成的三角形的必要条件是$x+y>1$，亦即

$$y>1-x \tag{25.2}$$

因满足不等式（25.1）的点（x，y）在单位圆内部，而满足不等式（25.2）的点（x，y），在正方形对角线AB的上方。故同时满足不等式（25.1）、（25.2）的点必落在图 25-4 的阴影部分内。这样三数（x，y，1）能构成三角形的概率

$$p=\frac{\text{弓形 }ABC\text{ 的面积}}{\text{单位正方形的面积}}$$

$$=\frac{\frac{1}{4}\text{单位圆的面积}-\text{三角形 }AOB\text{ 的面积}}{\text{单位正方形的面积}}$$

$$=\frac{\frac{1}{4}\pi\times1^2-\frac{1}{2}\times1\times1}{1^2}=\frac{\pi}{4}-\frac{1}{2}=\frac{\pi-2}{4}$$

这不是吗？“π”确实出现在随机写数的场合中，这是多么神奇！

下面，便可进行类似于查里斯的试验了：可叫来许多的学生，让每人随机地写下一对小于 1 的正数，然后，让大家检查一下，看随机写下的两个数x，y与 1 能否构成一个钝角三角形（即要同时满足二不等式：$x+y>1$，$x^2+y^2<1$）。若有m名学生，写出的数对中能与 1 构成钝角三角形三边的数对（x，y）有n个。则有$\frac{n}{m}=\frac{\pi-2}{4}$，这样便有$\pi=\frac{4n}{m}+2$。

26 哥尼斯堡七桥问题与一笔画

26.1 哥尼斯堡七桥问题

哥尼斯堡曾是东普鲁士的首府，现称加里宁格勒，在俄罗斯境内。在第二次世界大战时，德军经这里入侵波兰。后来，苏军也是从此地打进德国的。所以哥尼斯堡是一座历史名城。同时，在这里诞生和培养过许多伟大人物。如著名唯心主义哲学家康德，终生没有离开此城。在哥尼斯堡城中有一条布勒格尔河，横贯城中，如图 26-1 所示。河有两条支流，一条称新河，一条叫旧河，在城中心汇合成一条主流，在合流的地方，中间有一座河心岛，这是城中繁华的商业中心。由于布勒格尔河的流过，使全城分成为四个地区：岛区、北区、东区和南区。在布勒格尔河上，架了七座桥，其中五座将河岛与河岸连接起来，另有两座架在二支流上。这一别致的桥群，吸引了众多的哥尼斯堡居民和游人来此河边散步或去岛上买东西。

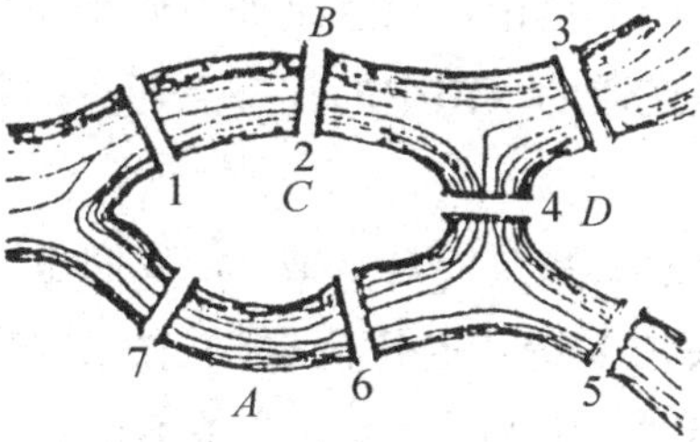

图 26-1

早在 18 世纪，就有人提出这样的问题："能否在一次散步中每座桥都走一次，而且只能走一次，最后又回到原来的出发点？"这个问题吸引了不少人去思考实验。事实上，要走遍这七座桥的所有走法共有 $A_7^7=7!=5040$ 种，要想一一试验过，谈何容易。是否在这 5040 种走法中存在着一条走遍七座桥而又不重复的路线呢？谁也回答不了。因而形成了著名的“哥尼斯堡七桥问题”。

1735年，有几名大学生写信给当时正在俄国彼得堡科学院任职的天才数学家欧拉，请他帮助解决。欧拉并未轻视生活小题，他似乎看到其中隐藏着某种新的数学方法。经过一年的研究，29岁的欧拉于1736年向彼得堡科学院递交了一份题为《哥尼斯堡的七座桥》的论文，圆满地解决了这一问题，同时开创了数学的一个新分支——图论。

26.2 问题的抽象——数学化

欧拉是如何将这生活的趣味问题转化为数学问题的呢？又是如何证明要想一次走过这七座桥是不可能的呢？欧拉的方法十分巧妙：他用点 A、B、C、D 表示哥尼斯堡城的四个地区 C（岛区）、B（北区）、D（东区）、A（南区）；七座桥看成这四个点的连线，用1，2，3，4，5，6，7七个数字表示，如图26-3所示。

这样“七桥问题”就转化为是否能用一笔不重复地画出过此七点的图形。假设可以画出来，则图形中必有一个起点和一个终点，如果这两个点不重合，则与起点或终点相交的线都必是奇数条（称奇点），如果起点与终点重合，则与之相交的线必是偶数条（称偶点），而除了起点与终点外的点也必是“偶点”。由上可知，如果一个图形可以一笔画出来，由上分析，可得如下结论，须满足如下两个条件：

（1）图形必须是连通的（图中的任一点通过一些线一定能到达其他任意一点）。

（2）图中的“奇点”数只能是0或2，我们也可依此来检验图形是否可一笔画出。回头来看看“七桥问题”，图26-1中的4个点全都是“奇点”，可知图不能“一笔画出”，也就是不可能不重复地通过所有的七座桥。当欧拉将这一结果发表时，震惊了当时的数学界，人们赞叹这位数学天才的创造能力！

26.3 引申推广

（1）过了许多年，河上又架起了第八座桥——铁路桥，如图26-2所示。这座桥的建成，使人们又想起了那有趣的问题。显然一次不重复走遍七座桥不可能，那么，如今八座桥可一次不重复走过吗？从图 26-3 可知“奇点”只有两个（D 点和 C 点），所以可以一次不重复走过八座桥。

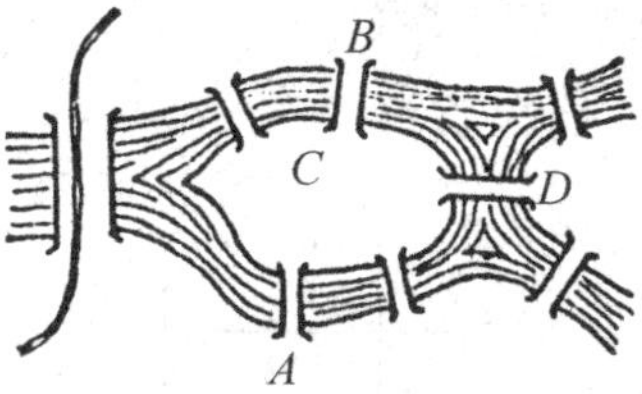

图 26-2

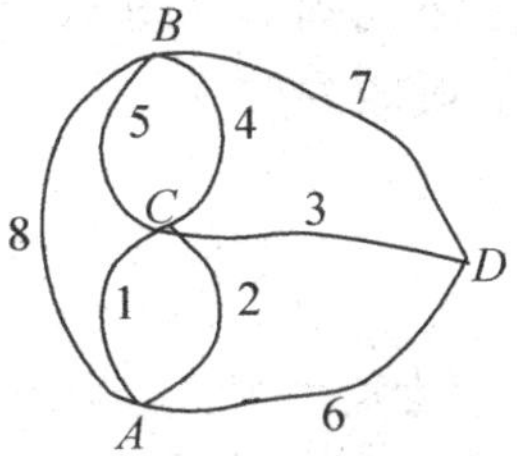

图 26-3

（2）若有一条河，河中心有两个河心岛，有 15 座桥把这两个岛和两岸连接起来，如图 26-4 所示。问能否不重复地通过所有的 15 座桥？按欧拉的方法，把图抽象成图 26-5 的形式，由于图中只有 A、B 两个“奇点”，故该图可以一笔（不重复）地画成，即可以不重复地通过所有的 15 座桥。

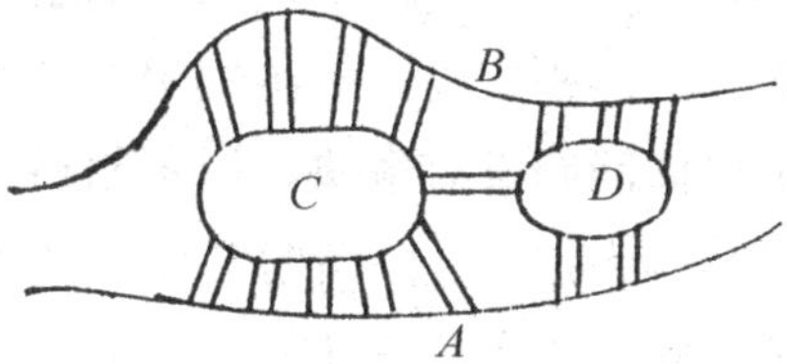

图 26-4

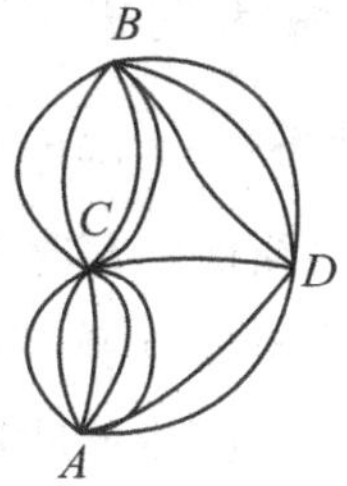

图 26-5

26.4 新学科的形成

欧拉对“哥尼斯堡七桥问题”的解决，开创了一个新的数学分支——图论。他所使用的方法是图论中常用的方法。图论原是组合数学的一个重要课题，由于发展迅速现已成了一个独立的数学分支，我们用点表示事物，用连接点的边表示事物间的联系方式，便可得到图论中的图。图论为研究任何一类离散事物的关系结构提供了一种本质的框架。他的理论已应用于经济学、心理学、社会学、遗传学、运筹学、逻辑学、语言学、计算机科学等诸多领域。值得一提的是，欧拉对七桥问题的研究，后演变成多面体理论，得到了著名的欧拉公式 $V+F=E+2$（参见本书第 38 章两个卓越而奇妙的等式）欧拉公式是拓扑学的第一个定理。这个定理使我们看到了几何问题的一种更具深刻内涵的性质。

26.5 给有兴趣的读者留的问题

（1）下列图形（图 26-6）能否一笔画？怎样画？

（2）邮路问题。

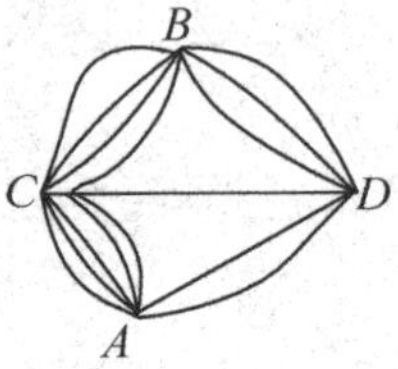

图 26-6

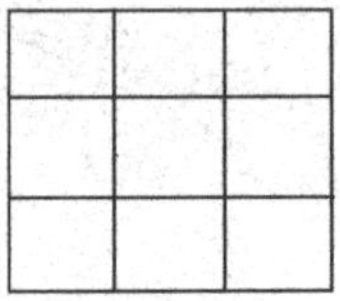

图 26-7

一个邮递员送信件的街道如图 26-7 所示，如果每一小段街道长 1 千米，那么他从邮局出发走遍所有街道再回到邮局最少要走多少千米？

26.6 今天的哥尼斯堡桥

哥尼斯堡的七座桥如今只剩下三座（图 26-8、图 26-9），一条新的跨河大桥已经建成，它完全跨过河心岛——内福夫岛，导游们仍向游客讲述哥尼斯堡桥的故事，有的导游甚至仍称问题没有解决，以留给游客以遐想，虽然七座哥尼斯堡桥成了历史 ，但是“七桥问题”留下的遗产不像这些桥那样容易破坏，欧拉卓越的解答将永载史册。

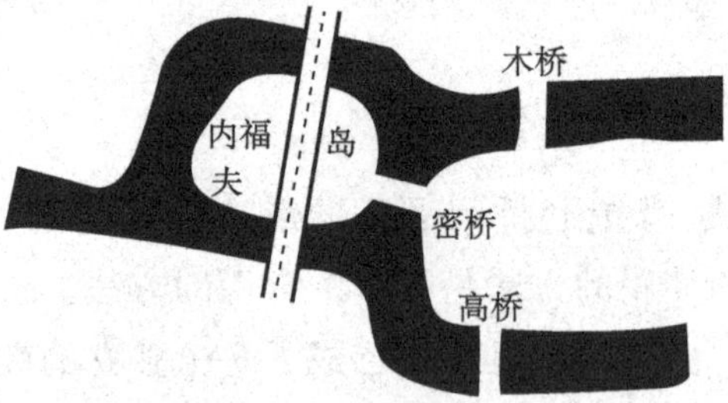

图 26-8　现在哥尼斯堡所存的三座桥

图 26-9　哥尼斯堡桥保留至今的原有三座桥之一

27 莫比乌斯带与克莱茵瓶

自从德国数学家莫比乌斯于1848年创造出“莫比乌斯带”，至今已有160余年的历史了，但“莫比乌斯带”的性质依然令人迷茫，并刺激着人们的想象。许多数学家和数学爱好者经常“品玩”着莫比乌斯带，甚至连科学家、艺术家、作家都用莫比乌斯带来检验着自己的想象力。

莫比乌斯带是用一张长方形的纸条扭转半圈并将端头黏接在一起的带子（图27-1）。

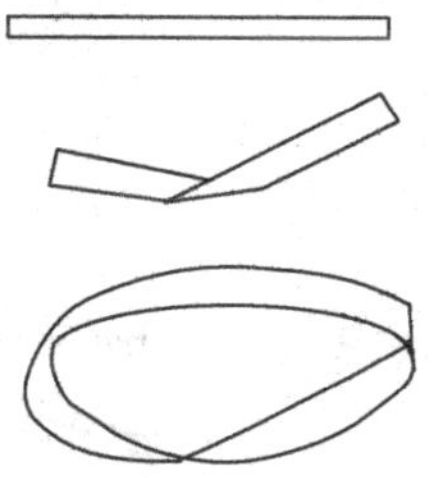

图27-1

27.1 神奇莫测的莫比乌斯带

以下列举的莫比乌斯带的性质，您都可通过自己动手来验证的。

(1) 一支铅笔沿着莫比乌斯带子表面的中线描出一条线，如果您笔不离纸，您将发现画出的线可与起始画出的线接上头。这说明莫比乌斯带只有一个面，是单面的。

(2) 在莫比乌斯带的边缘作一个“V”的刻痕，然后从这一点开始用手指沿着边缘轻快地移动，如果您手指没有离纸，您将发现手又回到原来的“V”形刻痕处。这说明莫比乌斯带只有一个边缘。

(3) 如果将一条长方形纸条扭转一周，并将端点黏接在一起，您将会发现这是一个有两个面，但只有一个边缘的环。

(4) 将三条宽度相等的纸带合在一起（中间的一条两面都涂上颜色），同时扭转半圈，然后将它们的端头依次胶结在一起，这样就变成“三层的莫比乌斯带”了(图27-2)。然而当您松开该模型时，结果发现是两个环，一个是涂色的环，其长度与原莫比乌斯带的长度相同，另一个长度却是莫比乌斯带的两倍。

（5）取一条宽的纸带，在它的中央和两侧都涂上一条色带，色带的宽度为带子宽度的三分之一，然后将其扭转半圈并将端头胶结在一起（图 27-3），最后用剪刀沿着色带的两边剪开，发现得到的是与（4）同样的结果。

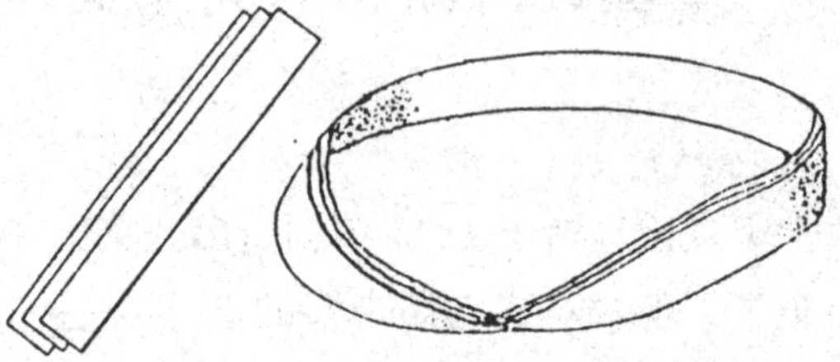

图 27-2

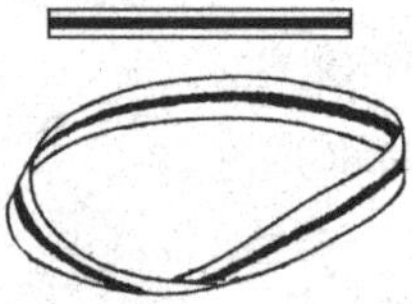

图 27-3

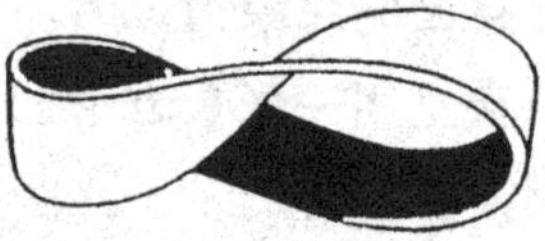

图 27-4

（6）取两张叠在一起的长方形纸条，把它们同时扭转半圈，然后把端头胶结在一起，整个看起来像是两条紧贴在一起的莫比乌斯带。然而当您将手指放在带层中间移动时，发现它们并非“紧偎”在一起的“双层”圈（图 27-4），而是一个扭转了四个半圈的环。“双层”莫比乌斯带也只有一个边缘，将“双层”莫比乌斯带沿着它的中间剪下，结果会得到两个连着的环。

（7）莫比乌斯带可用于获得进入“高维空间”的通路，因为一个绕着它行走的人会转回到他原来的出发点，但此时人却是颠倒的。设想一只蜘蛛开始时沿着“双层”莫比乌斯带的地板爬行，当它回到出发点时，它将在“天花板”上，而要回到“地板”，则必须再绕着走上一圈。

（8）如果您按图 27-5、图 27-6 构造出两个纸的模型，并沿着图中的点画线把它们剪开，那么其中的一个将变成正方形，而另一个则形成两个套着的环。

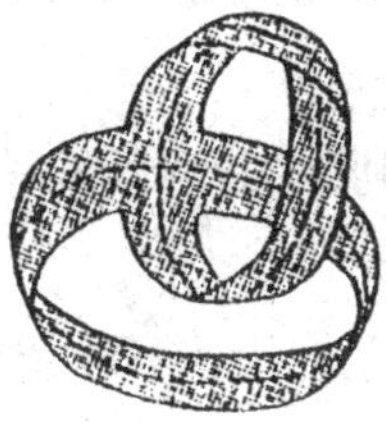

图 27-5

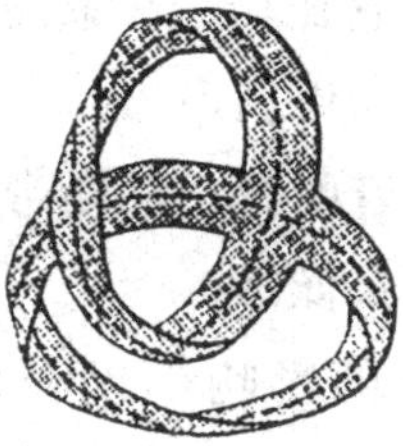

图 27-6

27.2 莫比乌斯带与克莱茵瓶

如果将两条莫比乌斯带的边缘接在一起，它们将形成著名的克莱茵瓶，或将克莱茵瓶沿着纵方向剪开，会形成两条莫比乌斯带（图 27-7、图 27-8）。

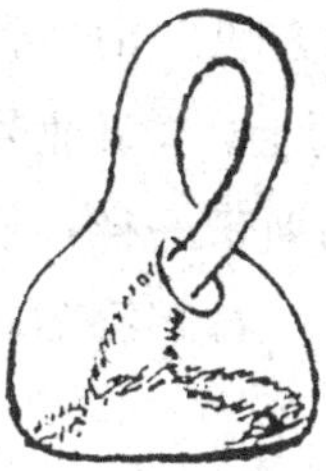

图 27-7

图 27-8

克莱茵瓶是由德国大数学家克莱茵设计而得名的。这种模型是一种只有单面的特别的瓶子，它只有外部而没有内部，它穿过自己。如果往里注水，那么水恰好从一个洞口溢出，克莱茵瓶同样也是一个令人感兴趣的模型。

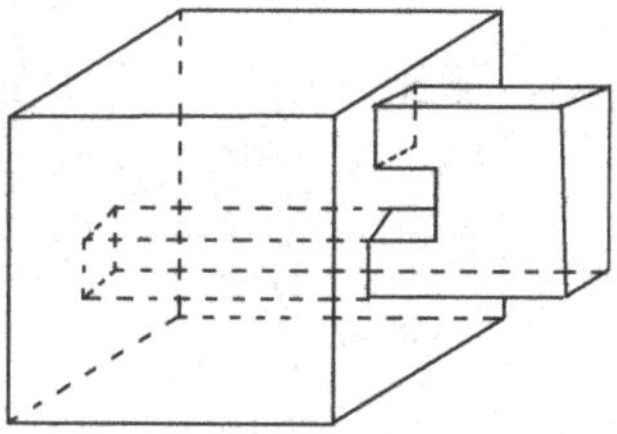

图 27-9

下面是类似于克莱茵瓶的模型，它只有一个面（单面）（图 27-9），若将这个模型剪成两半，可观察它所生成的两个莫比乌斯带。

27.3 莫比乌斯带的影响

莫比乌斯带的影响首先表现在它的应用方面：

莫比乌斯带作为汽车风扇或机械设计的传送带，在工业上有着特殊的重要性。因为它比传统的传送带，在磨损和撕裂方面，表现得更均匀，因而使用寿命更长。

一条记录声音的莫比乌斯带已由弗利斯特于 1923 年设计出来，同样的思路也用于录像带。

莫比乌斯带的影响不仅表现在它的应用方面，而且也渗透到艺术中：

一座钢制的莫比乌斯带雕塑坐落在华盛顿地区的史密斯历史和技术博物馆。

艺术家埃舍尔把莫比乌斯带用于他的木刻画《莫比乌斯带Ⅰ》和《莫比乌斯带Ⅱ》。

莫比乌斯带还用于邮票、绘画或杂志的封面（如《纽约州人》中）。

莫比乌斯带的概念还用于一些小说中：

如在《星际航行:下一代》中的情节“时间方块”中，就用上了莫比乌斯带的概念。在那里莫比乌斯带被用在时间上，“事业号”飞船进入了一个特殊的时间带，这个时间带就像莫比乌斯带一样，使他们陷入了一个无尽的同样顺序的重复，直到船长发现了一种解答为止。可以看出数学为科普作家提供了丰富的思想。

莫比乌斯带，它多么简单，然而又极度深刻。它有那么多工业、技术上的美妙应用，同时又给了艺术家和文学家那么新奇的想象。因此我们说，莫比乌斯带是科学的艺术形象，也是艺术形象的科学。

28 巧妙的图形分割

28.1 问题缘起

图形分割问题是一个扑朔迷离的问题。1926 年苏联数学家鲁金对“完美正方形”的存在提出了猜想，所谓“完美正方形”，是指它可以分割成一些边数各不相等且边长为整数的正方形。分割成小正方形的个数称为它的阶。

28.2 对“完美正方形”的追寻

1936 年这个问题引起了英国剑桥大学三一学院的四个学生塔特、斯通、布鲁克斯、史密斯的兴趣。他们当时考虑了这样一个问题：把一个矩形分割成边长各不相等的正方形。在当时已经知道长 33 宽 32 的矩形可以作正方形分割。他们四人中，斯通从一开始就怀疑“完美正方形”的存在问题，然而无法证实自己的见解；而其余三人则致力于寻找一个实际的“完美正方形”，但是几经失败后也开始倾向于斯通的看法。

正当思维难以找到它的出路的时候，在英吉利海峡的旁侧，响起了一声惊雷！柏林的施柏拉格居然实实在在找到了一个“完美正方形”。这无疑是对斯通等人的一记闷棍，然而他们并没有气馁，他们很快地改变了自己的研究方向。在理论的指导下，在 1938 年终于找到了一个由 39 个不同整数边正方形组成的大正方形，被称为“39 阶完美正方形”。这一成果大大增强了他们继续研究的信心。光阴流逝，一晃过去了几十年，当年的大学生如今都成了蜚声数坛的组合数学专家和图论专家，他们的研究成果成功地运用到电子、化学、建筑学、运筹学、通信学和计算机等多种学科，成为造福人类的有力工具。

28.3 人们寻求最小阶数的完美正方形

自从剑桥大学的四位学生找到了一个分割数为 39 个（即 39 阶）大小不同的“完美正方形”后（图28-1），1964 年由塔特的学生滑铁卢大学的威尔逊博士找到了一个 25 阶的完美正方形，后来这个图形保持了 12 年的最佳纪录，直到威尔科克斯所创造的 24 阶完美正方形（图 28-2）。1978 年荷兰数学家特温特技术大学的杜依维斯廷，用大型电子计算机算出了一个 21 阶的完美正方形（图 28-3）。1962 年荷兰数学家丢伐斯丁证明了小于或等于 19 阶的完美正方形不存在；1978 年又证明了 20 阶的完美正方形不存在，因而 21 阶完美正方形是完美正方形的尽头了。这个结论也同时被苏联数学家鲁奎所证明。

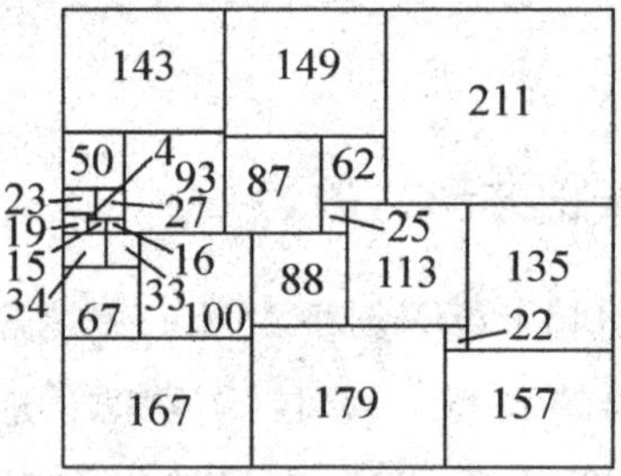

图 28-1

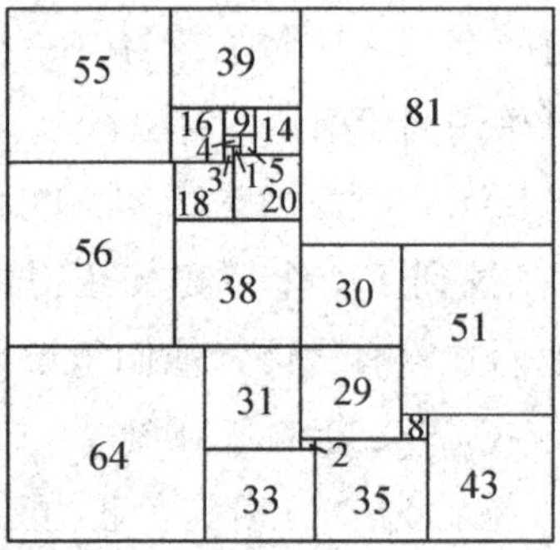

图 28-2

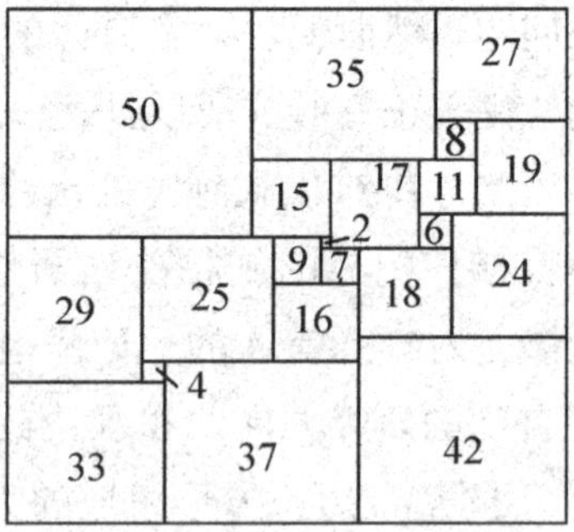

图 28-3

28.4 矩形的正方形分割

前面提到长 33 宽 32 的矩形可分割为边长不等的 9 个正方形（图 28-4）。剑桥大学的斯通发现了可分割的矩形，即长为 177 宽为 176 的矩形可分为边长不等的 11 个长方形（图 28-5）。

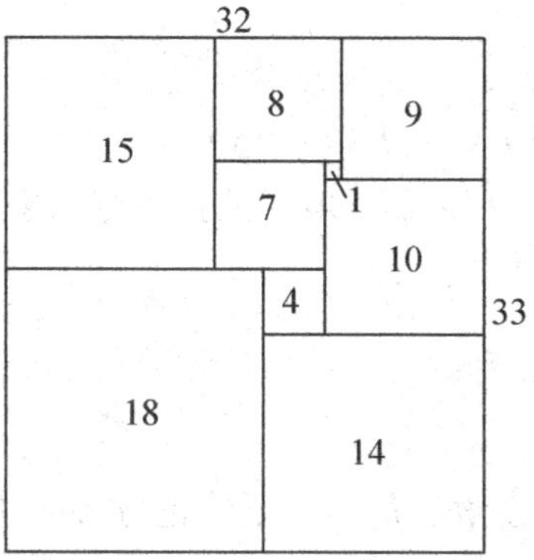

图 28-4

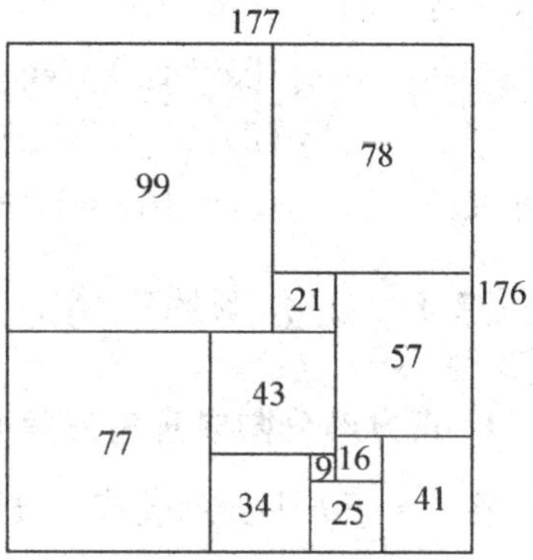

图 28-5

那么如何寻求矩形的正方形分割呢？办法是先作一个矩形的正方形分割草图，然后用尽可能少的未知数标出每个正方形的边长，再写出这些边长应满足的关系式，最后再求解这个方程组。如图 28-6 所示，先标出相邻三个正方形的边长 x，y，z，然后不难按下列顺序标出其余正方形的边长：$x+y$，$2x+y$，$y-z$，$y-2z$，$y-3z$，$2y-5z$。由矩形对边相等的条件，可得出

$$(2y-5z)+(y-2z)+(y-z)=(2x+y)+(x+y)$$

$$(2x+y)+(2y-5z)=(x+y)+y+(y-z)$$

及　$3x-2y+8z=0,x-4z=0$。

令 $z=1$，得 $x=4,y=10$ 代入图中即可得。

下面我们再来看 177×176 的矩形是怎样进行正方形分割的，如图 28-7 所示。

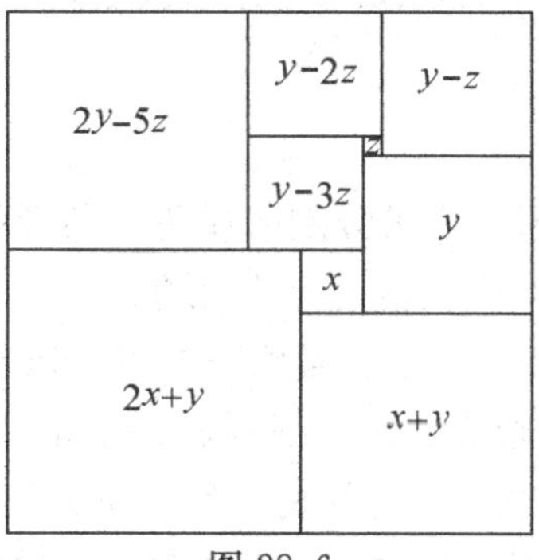

图 28-6

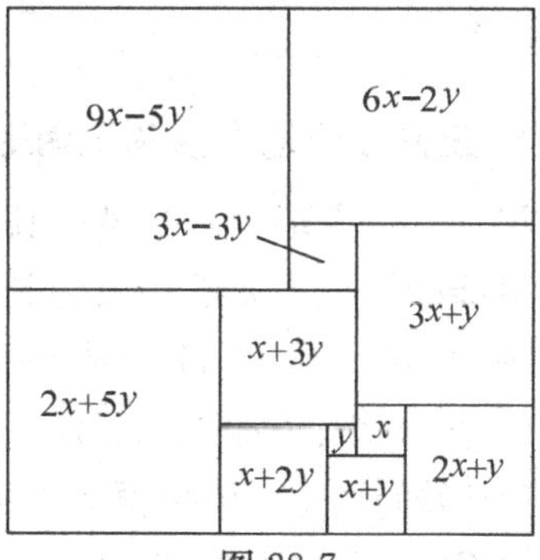

图 28-7

我们只需用两个未知数 x，y，就足以表示所有正方形的边长，与水平边长相等，有

$$
\begin{aligned}
&(9x-5y)+(6x-2y)\\
&=(2x+5y)+(x+2y)+(x+y)+(2x+y)
\end{aligned}
$$

亦即 $9x-16y=0$，$x=16$，$y=9$ 时就得到 177×176 矩形的正方形分割。

28.5 正方形的三角形分割

1. 正方形分割成直角三角形

将一个正方形分割成若干边长不等的直角三角形，要使正方形的边长尽可能小，而分割成的直角三角形数目也尽可能地少。这一问题最早由日本的铃木昭雄提出。至今虽然取得一些进展，但似乎看不见最终的目标。

1966 年，一个边长为 39780 的大正方形的三角形分割第一次被找到；在以后的 15 年内在 1000 以下的分割 10 以内的正方形三角分割总共也只有 20 种。图 28-8 是在 1968 年找到的边长为 1248 的正方形，由 5 个直角三角形组成。图 28-9 是 1976 年找到的边长为 48 的正方形是由 7 个直角三角形组成。以上分别是分割直角三角形数最少和大正方形边长最小，迄今为止的最好纪录。这是否是最终记录，还不得而知。

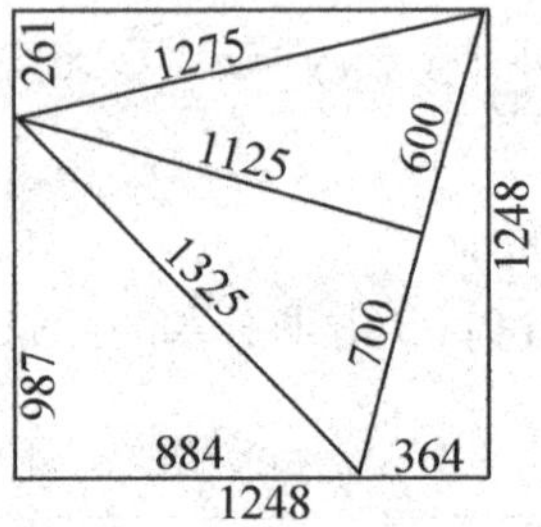

图 28-8

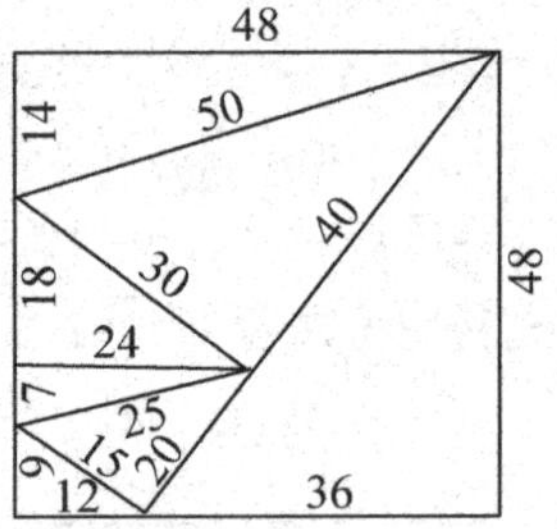

图 28-9

2. 正方形分割成锐角三角形

将一个正方形分割成若干锐角三角形，要求分割的锐角三角形的个数尽可能少（虽不要求边长为整数）也是让人感兴趣的问题。

图 28-10、图 28-11、图 28-12、图 28-13 分别是将正方形分割成 11 个、10 个、9 个、8 个锐角三角形的图形，将正方形分割成 8 个锐角三角形是一种巧妙的方法，要想再减少是不可能的。有趣的是，人们证明了如下事实，用边长分别为 1，2，3，……的正方形去覆盖平面，至少可以铺满整

个平面的四分之三；还有人们已经证明要用边长大小不等的小正方体去填满一个大正方体是不可能的，亦即完美正方体是不存在的。

图形分割是一个令人困惑而有趣的问题，对于喜欢接受难题挑战的数学爱好者（可不受文化程度的限制），可以在图形分割中砥砺心志，获得乐趣。

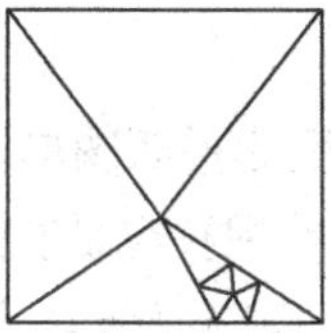

图 28-10

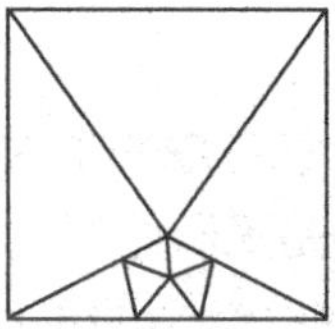

图 28-11

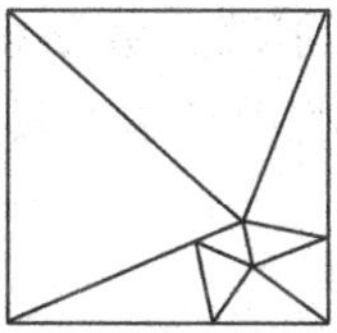

图 28-12

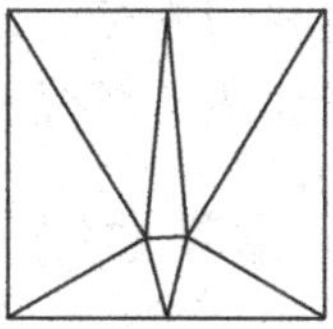

图 28-13

28.6 其他图形的正三角形分割

如果把三角形、平行四边形分割成大小完全不同的正三角形，人们发现这种分割是不存在的。如果降低某些要求，比如允许某些正三角形边长相等，则可以找到这种分割。图 28-14 是将一个平行四边形分割成 13 个小正三角形（据称这是最小阶数的分割）。而图 28-15 是将一个正三角形分割成 15 个小正三角形。如果把正三角形记为“+”，把倒三角形记为“−”，视为不同的正三角形，在此意义下，这种分割是完美的。这样图 28-14、图 28-15 都可视为是完美分割。

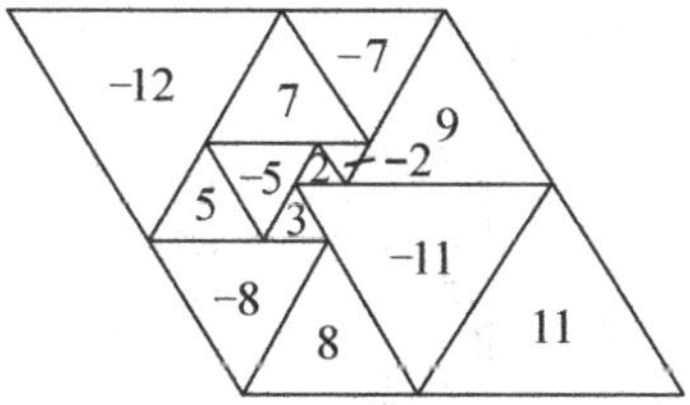

图 28-14

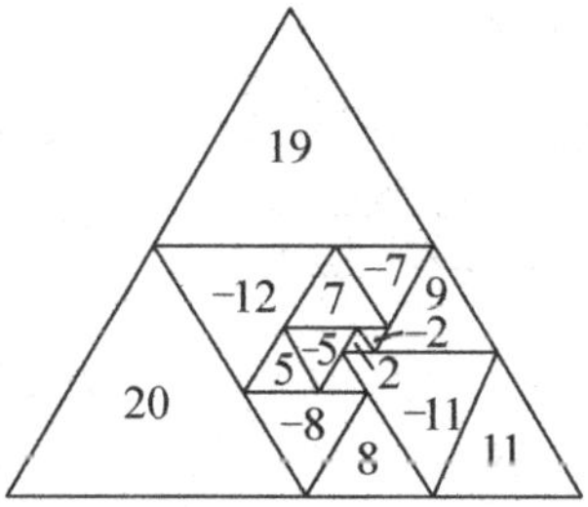

图 28-15

29 奇妙的分形世界

如果让您考虑一个这样的问题：“具有有限面积的平面图形，其周长是有限的，还是无限的呢?”您会毫不犹豫地说：“当然周长也是有限的”。

我们在中学学的平面几何是欧几里得几何，长期以来，人们总是用欧几里得几何的对象和概念（诸如点、线、平面、三角形、正方形、圆）来描述我们生存的这个世界。然而在 1906 年瑞典数学家科克作了一条“雪花曲线”，它的面积是有限的，然而它的周长是无限的。

29.1 雪花曲线

先作一个等边三角形（图 29-1），再把每边三等分，将居中的1/3部分向外作一个小等边三角形，并把每一个小等边三角形的底抹掉，得到一个六角星形（图 29-2）；再在六角星形的每一条边上以同样的方法向外作出更小的等边三角形，于是曲线变得越来越长，开始像一片雪花了（图 29-3）。再如此作下去，曲线将变得越来越长，图形也更美丽（图 29-4）。如果不断地作下去，则曲线可以要多长有多长，若无限地如此作下去，自然就有无限周长了。

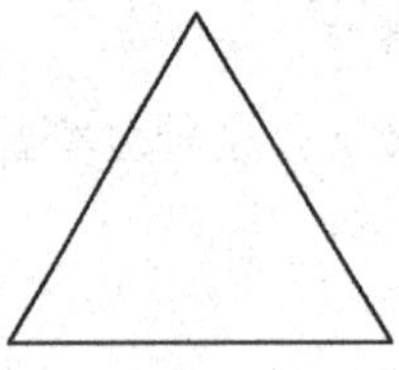

图 29-1

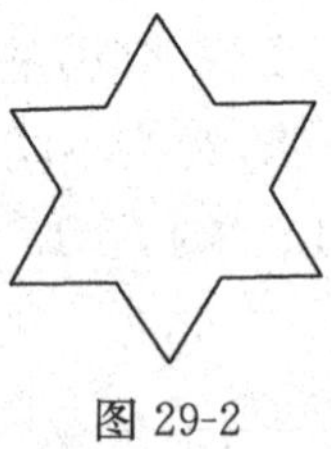

图 29-2

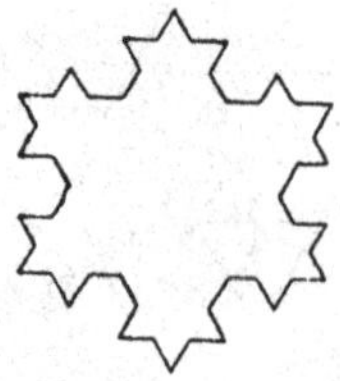

图 29-3

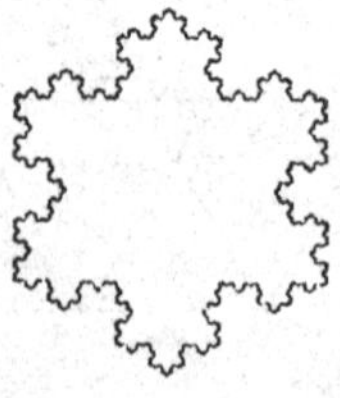

图 29-4

意大利数学家欧内斯托·切萨罗曾对科克雪花曲线作过如下描述：

这个曲线最使我们注意的地方是任何部分都与整体相似。这个结构的每一个小三角形包含着一个适当比例缩小的整体形状。这个形状包含着每一小三角形的缩小形式，后者又包含缩得更小的整体形状，如此下去以致无穷。就是这个在它所有的无论怎样小的部分都保持着相似的性质，使这曲线看上去是如此的奇妙。要是它在现实中出现，那就必须把它完全除去才能摧毁它。否则的话，它将会从它的三角形的深处重新不停地生长起来，就像宇宙本身一样。

29.2 雪花曲线面积的计算

“雪花曲线”周长是无限的，而面积却是有限的。到底它的面积是多少呢？下面我们作出推导：

设原三角形的面积是 1，雪花曲线的产生过程中各图形的边数依次为

$$3,\ 3\times4,\ 3\times4^2,\ 3\times4^3,\ 3\times4^4,\ \cdots,\ 3\times4^{n-1},\ \cdots$$

对于每一条边（第 n 个步骤），下一个步骤都将增加 $\left(\frac{1}{9}\right)^2$ 的面积，这样雪花曲线所围的面积为

$$\begin{aligned}S&=1+\frac{1}{9}\times3+\left(\frac{1}{9}\right)^2\times3\times4+\left(\frac{1}{9}\right)^3\times3\times4^2+\cdots+\left(\frac{1}{9}\right)^n\times3\times4^{n-1}+\cdots\\&=1+\frac{3}{9}\times\left[1+\left(\frac{4}{9}\right)+\left(\frac{4}{9}\right)^2+\cdots+\left(\frac{4}{9}\right)^{n-1}+\cdots\right]\\&=1+\frac{3}{9}\times\frac{1}{1-\frac{4}{9}}=1+\frac{3}{5}=\frac{8}{5}\end{aligned}$$

即为原来三角形面积的 $\frac{8}{5}$ 倍。

我们把数学家欧内斯托·切萨罗对雪花曲线所描述的性质叫“分形”。如果把它的部分保留下来，这部分保存着分形的本质，它又能使自己生长。但究竟什么是“分形”，数学家并未给出一个定义来，恐怕是避免限制对这一新的数学领域正在形成的分形作品和分形概念的创造力。

29.3 其他分形例子

1. 正方形雪花图

作一个正方形，设每边长为 $4a$，再将每边用一凸一凹的总长为 $8a$ 的折线来代替（图 29-5）。图 29-5 中是只对原正方形作一次变形的图形，如果连续作两次，便可构成一朵绚丽多彩的雪花图案（图 29-6）。

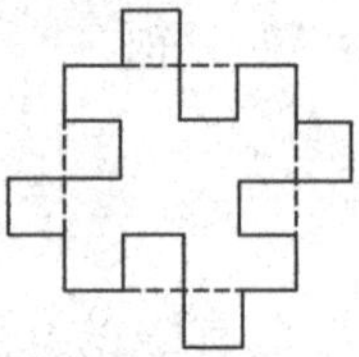

图 29-5

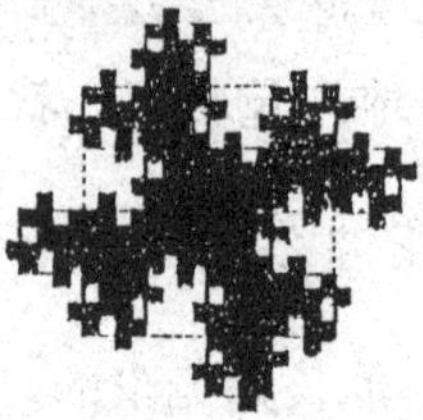

图 29-6

由作图可知，每增加一个小正方形，同时又减少一个相同的小正方形，于是面积是不变的，只是每作一次，周长增加一倍。如此重复作下去，周长会变得更长，图形变得更美，如此无限作下去，周长将会无限长，面积却是一个定值 $16a^2$。

2. 皮亚诺曲线

它是 18 世纪 90 年代由数学家皮亚诺作出的。先作出一条线段，然后在此线段的三分之一处，向两边作出一个正方形，再在每一条线段的三分之一处，再向两边各作一个更小的正方形（图 29-7、图 29-8、图 29-9 为皮亚诺曲线的最初三个阶段）。如此无限地作下去，若各正方形都在同一平面，则皮亚诺曲线将会充满一个给定范围，亦即在此平面给定范围每一点都会有曲线通过。

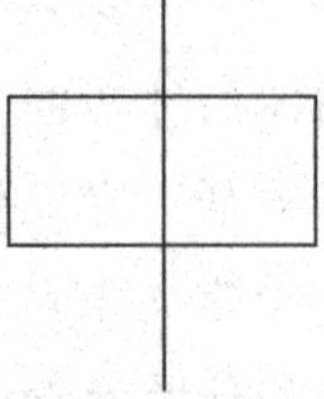

图 29-7

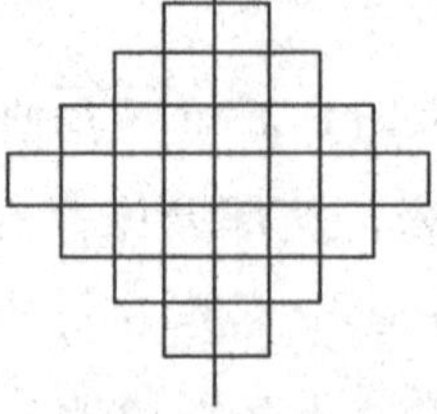

图 29-8

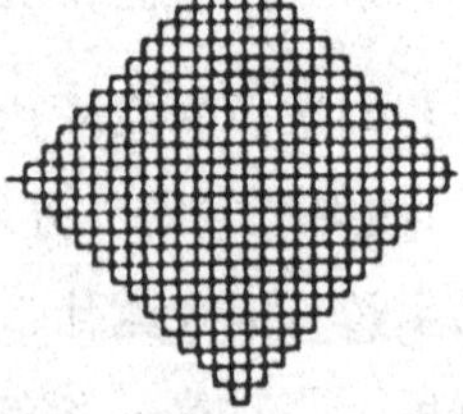

图 29-9

3. 谢尔宾斯基三角形

先作一个正三角形（图 29-10），挖去一个“中心三角形”（即以原三角形各边的中点为顶点的三角形）（图 29-11），然后在剩下的小三角形中又挖去一个“中心三角形”（图 29-12），我们用黑色三角形代表挖去的面积，那么白三角形为剩下的面积（我们称白三角形为谢尔宾斯基三角形）。如果用上面的方法无限连续地作下去，则谢尔宾斯基三角形的面积越趋近于零，而它的周长越趋近于无限大（图 29-10～图 29-14）。

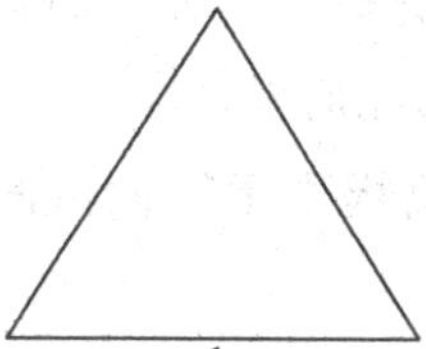

1

图 29-10

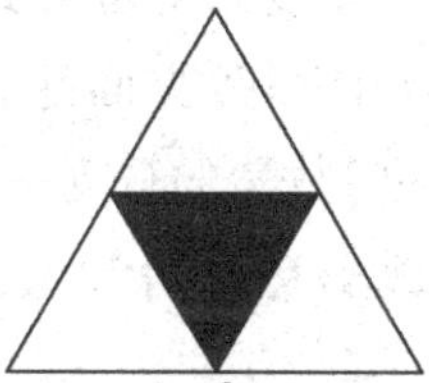

$\frac{1}{4}+\frac{3}{4}=1$

图 29-11

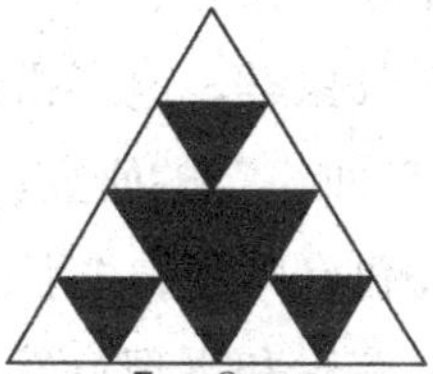

$\frac{7}{16}+\frac{9}{16}=1$

图 29-12

$\frac{37}{64}+\frac{27}{64}=1$

图 29-13

$\frac{175}{256}+\frac{81}{256}=1$

图 29-14

29.4 分形是真实的吗

分形思想初见于 1875～1925 年间一些数学家们的著作。当时人们称这些曲线为“病态曲线”，而将一些研究对象称为“畸形现象”。这些“怪物”既不被当时的数学家接受，也被认为没有丝毫的科学价值。因为他们所得到的“分形”与公认的数学相矛盾（如有些分形具有有限面积，却具有无限的周长；有些分形曲线竟能充满空间）。

分形是以无限多的形状呈现出来的美妙物体。分形是一种对象，即将其细微部分放大后，其结构看起来仍与原来一样。这与把图的一部分放大后便变得比较平淡形成了鲜明的对比。分形分为两部分：一是几何分形，它不断重复同一种花样图案；另一种是随机分形，现在计算机已能够把这些“畸形怪物”立即分形并给画出来，显示出它们的形状、艺术图案或细微的景观。

我们可以把分形当作一个不断生长的曲线，要观察一个分形，必须看到它是在运动中，我们看到的一个分形图片或照片时，只是看到它某一瞬间的样子，“冻结”在生长过程中的一个阶段。

以前认为毫无用处的分形，如今几乎出现在每一件事物中——描绘海岸线、云彩、人口分布、电影场景等都有其用处，即在生态学、天文学、气象学、电影摄影学和经济学等方面都能找到分形的用处，而且对“病态曲线”的研究已形成一门数学的分支——分形几何学。

伽利略说：“宇宙是由数学写成的”。数学工具提供了我们试图了解、解释和再现自然现象的手段。

29.5　分形图形欣赏

分形不但是数学，而且也是艺术。分形是数学和电脑的产物，可用绝对精确的数学式子进行无数次“迭代”来产生和“繁殖”。下面我们来欣赏用电脑制作的几幅分形图画，不但惊异数学的奥妙，也欣赏到数学艺术的美。

1. 绮思飞舞

图 29-15：不禁想起了李白《清平调》中的著名诗句：“云想衣裳花想容”！

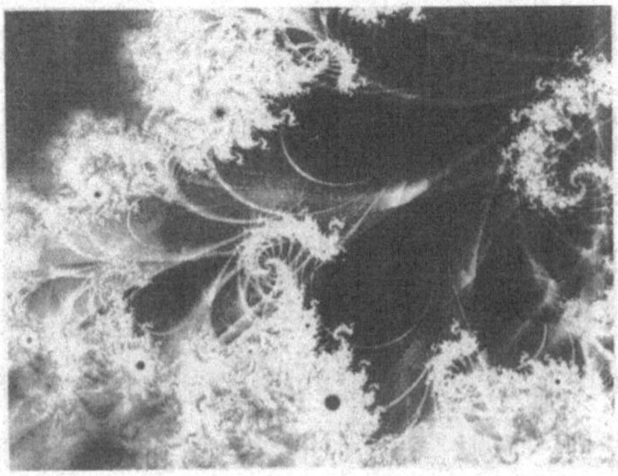

图 29-15

2. 随风飘去

图 29-16：是一片“随风飘去”的落叶，还是一缕“随风扬起”的少女的发尾?!

图 29-16

3. 想象

图 29-17：是艺术的抽象，也是抽象的艺术。如果您若“置身其中”，您看到的将是什么？您若“置身其外”，又会作怎样的理解和怎样的想象？您对它怎样命名、怎样称呼都可以！

图 29-17

30 迷人的平面镶嵌

平面镶嵌就是用同样形状的平面几何图形无缝隙又不重复地铺满整个平面。在数学中与此有关的镶嵌理论是一个饶有兴趣的课题，对用多边形来镶嵌平面所构造出的各种精美图案的欣赏，让人赏心悦目、心旷神怡。

从让人眼花缭乱、扑朔迷离的平面镶嵌中可归纳出以下几种不同的镶嵌。

30.1 相同正多边形镶嵌

要用同样大小的正多边形镶嵌平面，正多边形应具备的条件是：每一个公共顶点处，几个多边形的顶角和恰好等于 360°，而正 n 边形的一个内角等于 $\frac{(n-2)\cdot 180°}{n}$，要使得共顶点的 m 个内角和为 360°，即需要 $m\frac{(n-2)\cdot 180°}{n}=360°$，即 $m=\frac{2n}{n-2}$ （*）。

注意其中的 m 和 n 必须同时都是正整数且 n 不能小于 3，易知在不定方程（*）中，只有以下三组解：$n=3$ 时，得 $m=6$；$n=4$ 时，得 $m=4$；$n=6$ 时，得 $m=3$。

所以在正多边形中，只有正三角形、正方形、正六边形才能镶嵌整个平面，如图 30-1～图 30-3 所示。

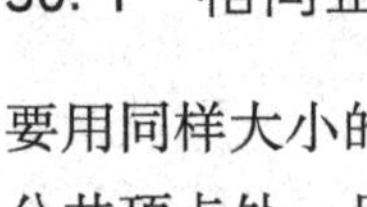

图 30-1

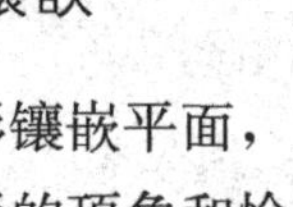

图 30-2

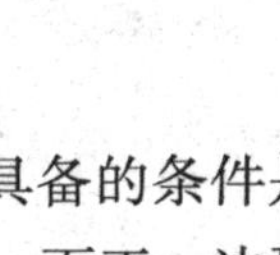

图 30-3

30.2 几种不同正多边形的镶嵌

(1) 每个顶点都是同样数目的一些同样形式的多边形的公共点。因

为一个正 n 边形的每个内角为$\frac{(n-2)\cdot 180^\circ}{n}=\left(\frac{1}{2}-\frac{1}{n}\right)\cdot 360^\circ$。所以要作出均匀的镶嵌图案，就必须找出一些正整数 n，p，q，…，使它们满足下列等式

$$\left(\frac{1}{2}-\frac{1}{n}\right)+\left(\frac{1}{2}-\frac{1}{p}\right)+\left(\frac{1}{2}-\frac{1}{q}\right)+\cdots=1$$

由这个式子可以得出 17 组不同的解，也就是 17 种不同的图案，但其中只有 11 种能镶嵌整个平面，其中三种即是前面所介绍的正三角形、正方形、正六边形。其他八种是如图 30-4～图 30-11 所示。

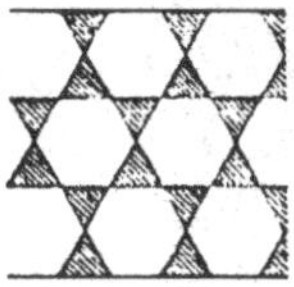
图 30-4

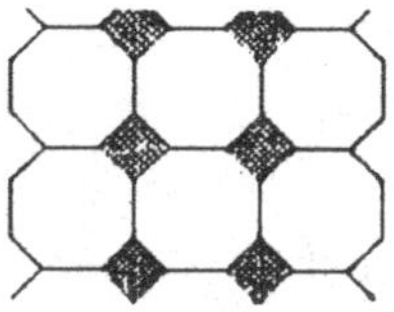
图 30-5

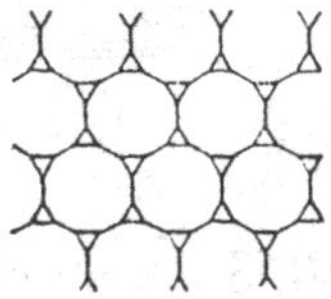
图 30-6

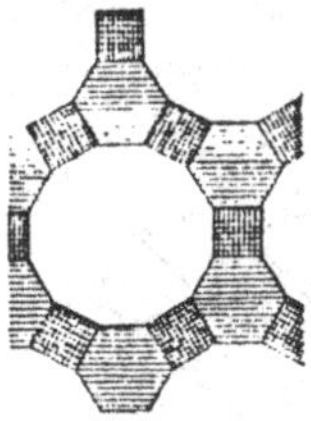
图 30-7

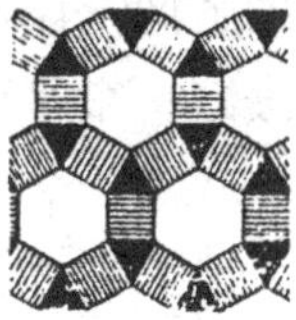
图 30-8

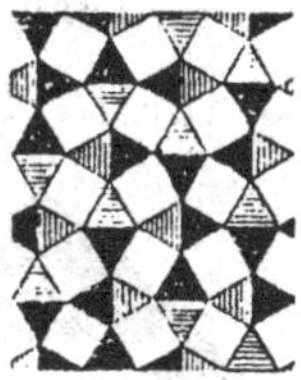
图 30-9

图 30-10

图 30-11

(2) 不要求每个顶点都是同样数目和同样形状的多边形顶点。如果不加这样的限制，我们将会得到更加绚丽多姿的镶嵌图案（图 30-12～图 30-15）。

图 30-12

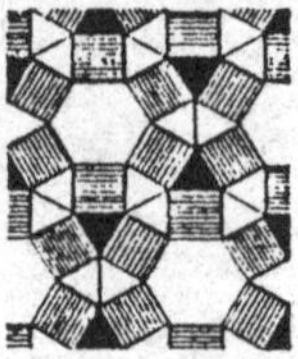
图 30-13

图 30-14

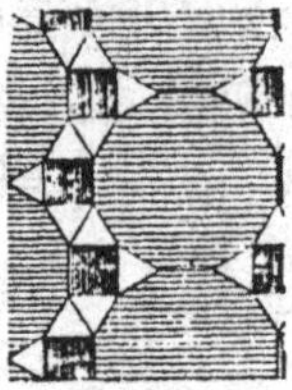
图 30-15

30.3 一般凸多边形（非正多边形）的平面镶嵌

对于非正多边形的平面镶嵌，近些年来发现有如下的结果：

（1）三角形都可以镶嵌一个平面（图30-16）。

（2）任何凸四边形都可以镶嵌一个平面（图30-17）。

图 30-16

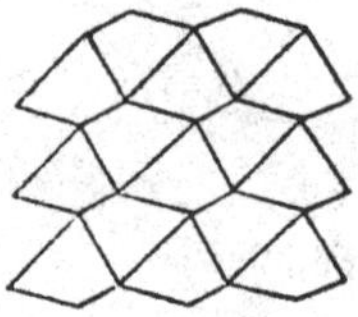
图 30-17

（3）对于凸五边形，只有特定的凸五边形方可以镶嵌一个平面（图30-18、图 30-19），尤其图 30-19 是一种难以想出的五边形平面镶嵌。

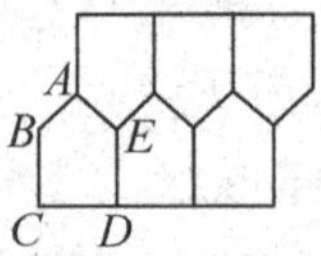

图 30-18

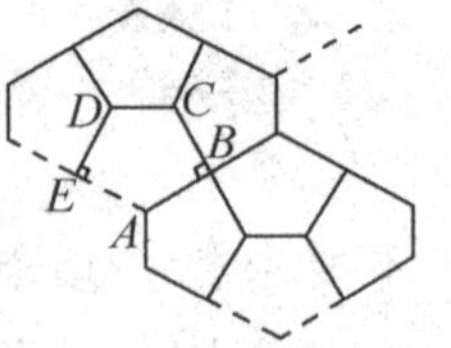

图 30-19

（4）对于凸六边形，也只有特定的凸六边形（三组对边平行）才可以平面镶嵌（图 30-20、图 30-21），尤其是图30-21可以镶嵌出“花瓣形”图案。

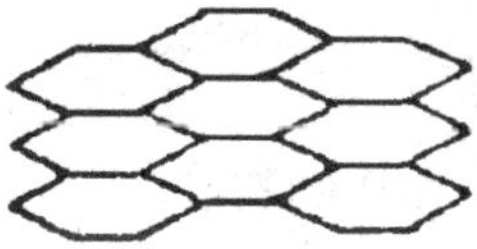

图 30-20

图 30-21

30.4 凹多边形的平面镶嵌

以上我们考虑的多边形都是凸多边形。如果去掉这个限制，则凹多边形也可镶嵌出各种赏心悦目的图案来，图 30-22 便是四种常见简单的凹多边形镶嵌的图案。

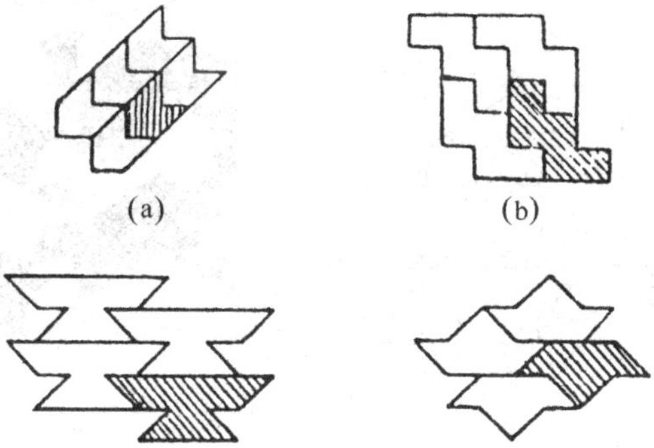

(a) (b) (c) (d)

图 30-22

30.5 重复花样图形的镶嵌

就是用几个同样的图形拼出一个与它相似的大的图形。我们称具有这种性质的图形为重复花样，具有重复花样的图形包括凸多边形（图 30-23）和凹多边形（图 30-24）。

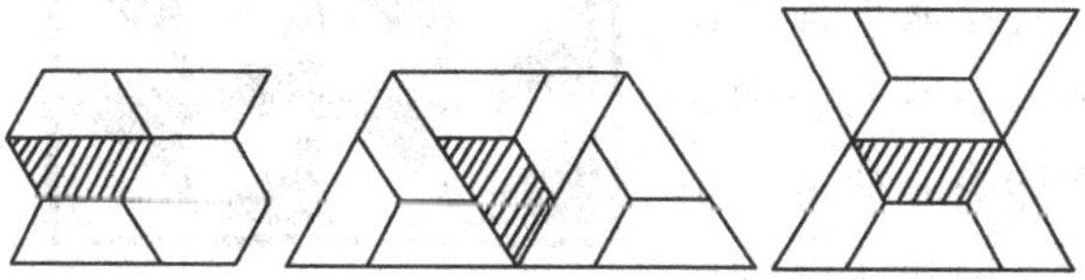

(a) (b) (c)

图 30-23

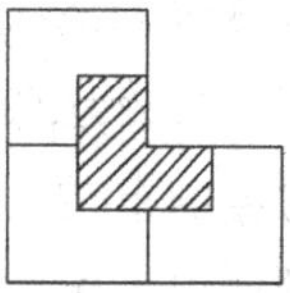

图 30-24

30.6 几种精彩的平面镶嵌

1. 黑白图案的平面镶嵌

如图 30-25 所示，该图案黑白对等表现出无比的精彩。

图 30-25

2. 变形矩形的平面镶嵌

在矩形的一条长边上作改变，再把这种改变平移到另一条长边上，然后在它的短边上作改变，再把这种改变平移到另一条短边上，如图 30-26 所示，则所得的图形可镶嵌整个平面，如图 30-27 所示，就像一群奔驰的羊群。

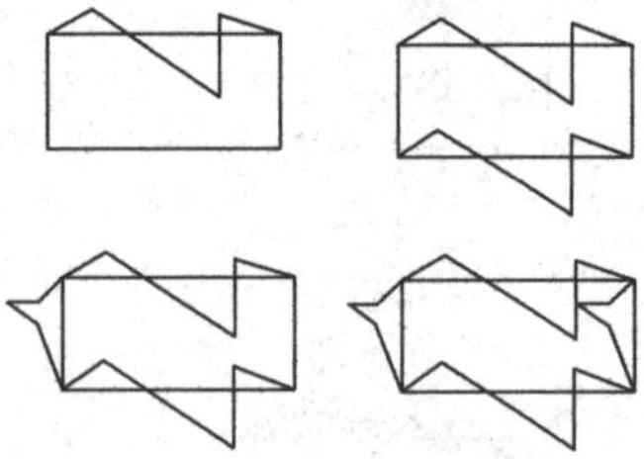

图 30-26

图 30-27

3. 曲边形的平面镶嵌

如图 30-28 所示，这一幅简单而雅致的花样图案地面出现在罗马的卡拉卡拉浴场内。平面镶嵌不仅可用于地砖铺地面，而且在建筑结构、经济截料、废物利用等方面有着很大的实用性。对镶嵌平面理论的研究，可将您带入一个五彩缤纷、绚丽多姿的美的世界，只要您能潜心研究，也可以设计出一组别出心裁、简洁优美的图案来。

图 30-28

31 离奇的等宽曲线

平时我们看见的汽车轮子、火车轮子及各种车的轮子都是圆形的。因为轴离地面接触点的距离总是相等的，所以车行驶起来就平稳，从而我们想到车的轮子都是圆的。

当我们把一箱重物放在一些断面直径相等的圆棍或圆管上移动时（图 31-1），既省力又平稳，是不是只有圆棍、圆管才能起到这个作用呢？

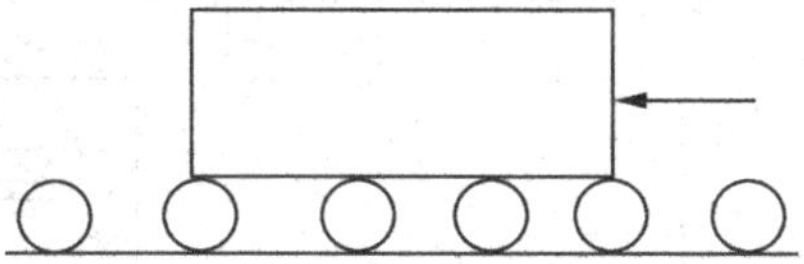

图 31-1

我们看到的茶壶盖子都是圆形的，这是因为茶壶盖只要比茶壶口大一点，总是不会掉进茶壶的。如果用其他正多边形盖子（如正方形），若它只比茶壶口大一点的话，一不小心，盖子就会掉进茶壶里的。因此茶壶的盖子必须是圆的。

31.1　等宽曲线

对以上三种情况，其实结论都下得太早了，有一种如图 31-2 所示的圆弧三角形（亦称三角拱形）就完全可以代替圆（图 31-3）。

这种圆弧三角形是以正三角形 ABC 的三个顶点为圆心，以它的边长 AB 为半径作出的。这种圆弧三角形与圆有着相同的特点：不论从什么方向用两条平行线去夹它，这两条平行线间的距离总是一样的。我们称具有这种性质的图形叫作“等宽曲线”（或等宽图形），可知圆与圆弧三角形都是“等宽曲线”。故而圆弧三角形也具有以上所说的圆的三种功能。

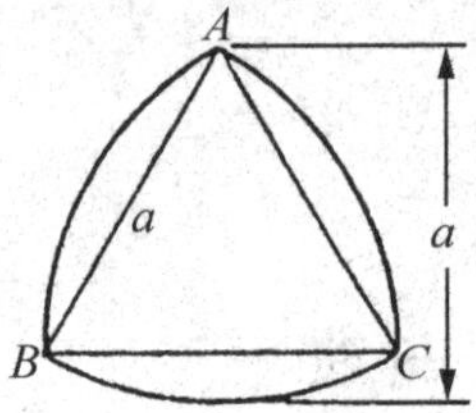

图 31-2

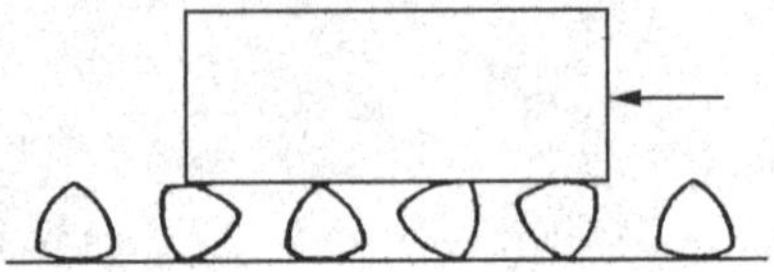

图 31-3

31.2 莱洛三角形与圆的相似处

圆弧三角形又叫莱洛三角形，是由机械学家、数学家莱洛首先发现的，故而得名。宽度为 a 的莱洛三角形是指以正三角形的边长为 a 所作出的圆弧三角形，它与直径为 a 的圆具有相同的宽度。将它们放在一个边长为 a 的正方形内旋转时，与正方形的每条边都有且仅有一个公共点（图 31-4、图 31-5），且两对边的公共点的连线是互相垂直的。

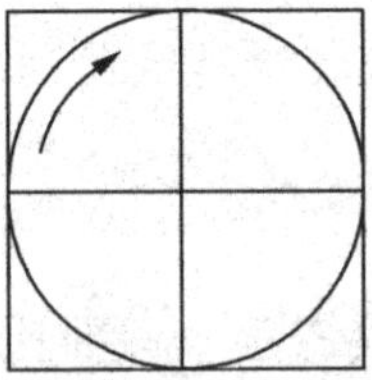

图 31-4

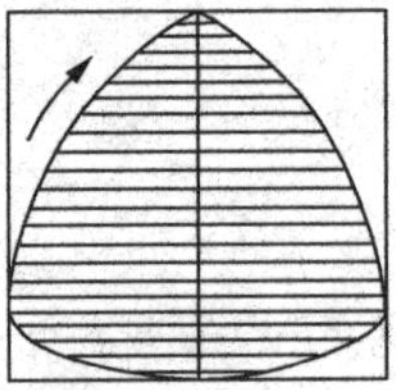

图 31-5

再一个相似处是同宽度的莱洛三角形与圆有相同的周长

$$\text{宽度为 } a \text{ 的莱洛三角形周长} = 3 \cdot \frac{2\pi a}{6} = \pi a$$

$$\text{直径为 } a \text{ 的圆周长为} = 2\pi \cdot \frac{a}{2} = \pi a$$

31.3 莱洛三角形与方孔钻头

由于莱洛三角形在一边长为其宽度的正方形内转动时，任何时候都有四个点与正方形的四条边接触（不一定相切）且接触点的位置是不断改变的（图 31-6、图 31-7），因而成了机械学家莱洛设计方孔钻头灵感的来源，也促使他发现了圆弧三角形和造出了方孔钻头。

自然，这种圆弧三角形的钻头钻出来的不是标准的正方形，而是如

图 31-8 的圆角正方形。因为莱洛三角形的中心即正三角形的中心（三条中线的交点），所以，当莱洛三角形钻头转动时，它的中心也不像圆孔钻那样固定不变的。如果您能求出当莱洛三角形转动时它的中心的轨迹，那也是一件有趣的事。

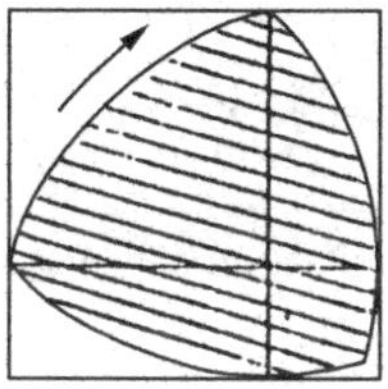

图 31-6

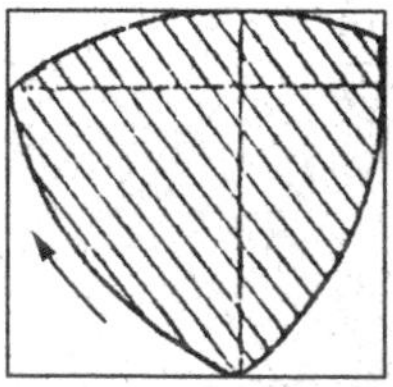

图 31-7

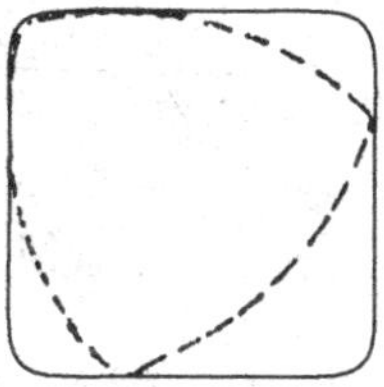

图 31-8

31.4 还有其他的等宽曲线吗

由莱洛三角形的启发，可知还有更多的等宽曲线。如以正五边形 $ABCDE$ 的五个顶点为圆心，以对角线 $AC=a$ 之长为半径画五段圆弧，就可以作出一个圆弧五边形，它便是一个宽度为 a 的等宽曲线（图 31-9）。

类似地，还可作出圆弧七边形、圆弧九边形……得到各种“莱洛多边形”，它们都是等宽曲线。但是，如果您想用边数为偶数的正多边形作出一条等宽曲线，已被证明是不可能的。

上面所说的都是正多边形组成的等宽曲线，其实，只需对角线相等而边长不一定相等的奇数边多边形，都可形成等宽曲线（图 31-10）。

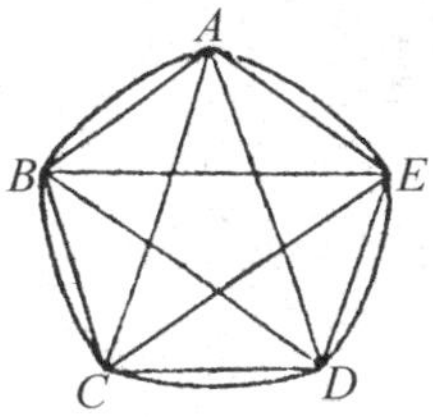

图 31-9

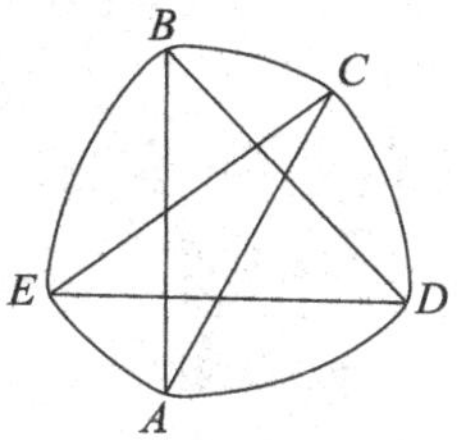

图 31-10

可以看出，上面作出的圆弧多边形都有尖角（在两条弧的交点处），是否可以将尖角清除呢？事实上，只需经过如图 31-11、图 31-12 所示的“处理”，就可以作出与其相应的光滑的等宽曲线。

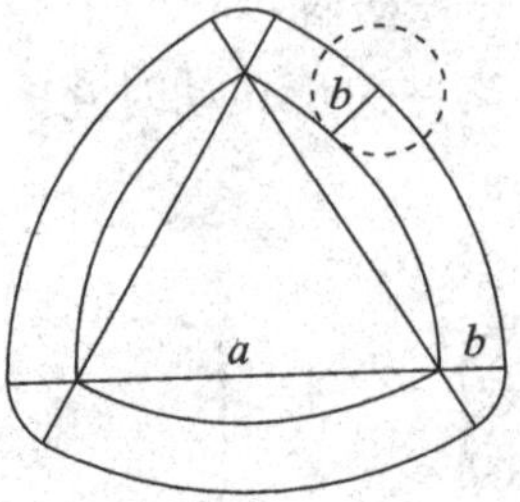

图 31-11

图 31-12

31.5 对等宽曲线的思考

等宽曲线有许多美妙的性质，等待人们去研究发现。如果我们现在作一番思考也是有趣的。例如宽度为 a 的等宽曲线上任意两点间的距离不会超过 a。

在等宽曲线的所有性质中，最美妙的莫过于由数学家巴比埃在 1860 年所发现的一条定理：所有宽度为 a 的等宽曲线都有相同的周长 πa，也即是都等于直径为 a 的圆的周长（读者不妨以圆弧五边形为例试加以证明）。

值得注意的是，等宽曲线不只限于圆弧等宽曲线，人们已发现了完全不包含圆弧的等宽曲线，那是一类特殊的卵形曲线。因此我们可以说，等宽曲线还有许多离奇奥妙的性质和用途等待我们去研究发掘。

32 三次数学危机

实际上，这三次数学危机对东方（主要指中国和古代印度）无甚影响，因此，三次数学危机只能算三次西方数学危机。三次数学危机对数学及其哲学都造成了巨大的影响，三次危机虽然给当时某个时期造成了某种困境，然而一直未妨碍数学的发展与应用。倒是在困境过去后，给数学带来了新的生机。

从历史阶段上看，数学的三次危机分别发生在公元前 5 世纪、17 世纪和 19 世纪末，都是发生在西方文化大发展的时期，因此，数学危机的产生，都有其一定的文化背景。第一次危机是古希腊时代，由于不可公度的线段——无理数的发现与一些直觉的经验相抵触而引发的；第二次危机是在牛顿和莱布尼茨建立了微积分理论后，由于对无穷小量的理解未及深透而引发的；第三次危机是当罗素发现了集合论中的悖论，危及整个数学的基础而引起的。

32.1 第一次数学危机

公元前 5 世纪古希腊的数学非常发达，而尤以毕达哥拉斯创立的学派最为有名。毕达哥拉斯曾游历古埃及、波斯学习几何、语言和宗教知识，学识渊博，后在意大利一个名叫克罗顿的沿海城市定居，招收了 300 门徒，称为毕达哥拉斯学派。

毕达哥拉斯学派对几何学贡献很大，最著名的是所谓毕达哥拉斯定理（中国称勾股定理）的发现：即任何直角三角形的两直角边 a、b 和斜边 c，都有 $a^2+b^2=c^2$ 的关系式。据说当时曾屠牛百头欢宴庆贺。

毕达哥拉斯学派研究数学，还很重视音乐，倡导一种“惟数论”的哲学观，“数”与“和谐”是他们的主要的哲学思想。他们认为，宇宙的本质是数的和谐。一切事物都必须而且只能通过数学得到解释。他们坚持的信条是："宇宙间的一切现象都可归结为整数或整数与整数的比。"也就是一切现象都可以用有理数来描述。例如，他们认为"任何两条不等的线段，总有一个最大公度线段。"其求法如下（图 32-1）：

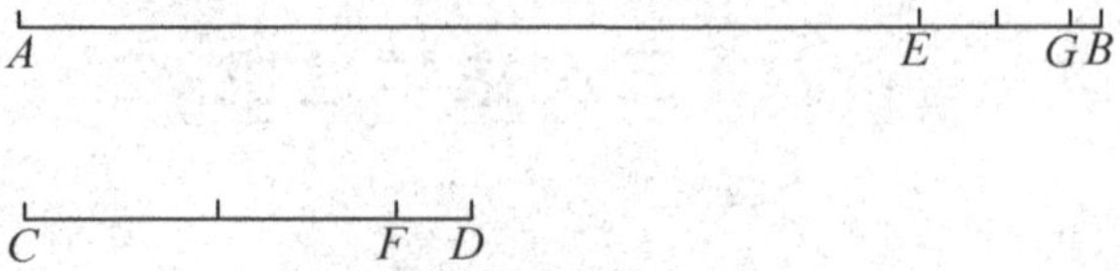

图 32-1

设两条线段 $AB>CD$，在 AB 上用圆规从一端 A 起，连续截取长度为 CD 的线段，使截取的次数尽可能地多。若没有剩余，则 CD 就是最大公度线段。若有剩余，则设剩余线段为 EB（$EB<CD$），再在 CD 上截取次数尽可能多的 EB 线段，若没有剩余，则 EB 就是最大公度线段，若有剩余，则设为 FD（$FD<EB$），再在 EB 上连续尽可能多地截取线段长度等于 FD 的线段，如此反复下去。由于作图工具的限制（仅用圆规）总会出现没有剩余的现象。也即最大公度线段总是可以求得的。例如在图 32-1 中，最后有 $FD=2GB$，所以 GB 就是 AB 和 CD 的最大公度线段，故而有 $\frac{CD}{AB}=\frac{8}{27}$，即为两个整数的比。

然而，毕达哥拉斯学派的一个成员希伯索斯通过逻辑推理而不是用圆规去实测，他发现：等腰直角三角形的直角边与其斜边是不存在最大公度线段的。亦即在等腰直角三角形中直角边与其斜边的长的比值不能表示为两个整数的比。

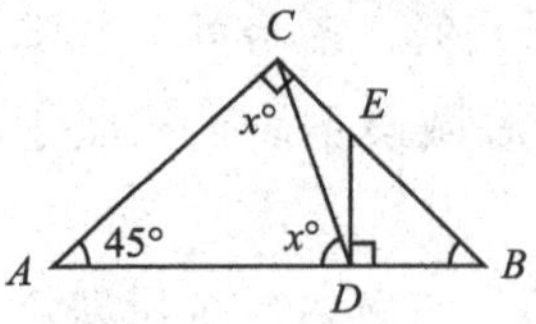

图 32-2

如图 32-2 所示，在等腰直角三角形 $\triangle ABC$ 中，按上述方法求 AC 与 AB 的最大公度线段。取 $AD=AC$，过 D 作 $DE\perp AB$ 交 BC 于 E，因为 $\angle DCE=\angle CDE=22.5°$，所以 $CE=DE=DB$。则问题转化为求 DB 与 BE 的最大公度线段，但 $\triangle BDE$ 又重新构成一个等腰直角三角形，往下，就只能重复以上的作法。如此，继续下去，始终求不出 AC 与 AB 的最大公度线段。这就是说，希伯索斯从几何上发现了无理数的存在。本来希伯索斯对数学的发展作出了很大的贡献，理应得到赞赏，谁知反而因此丧失了生命。相传当时他正和毕氏门徒在一条游艇上游玩，当希伯索斯向大家讲述他的重大发现后，信徒们不仅不对学派的错误信条作出新的评价和改造，反而认为他的言论是违反至高无上的信条，并把他抛入海里，处以“淹死”的惩罚，希伯索斯为发现真理而献出了自己的生命。

事实上，直角边长为 1 的等腰直角三角形，其斜边为$\sqrt{2}$，而$\sqrt{2}$是一个无理数（可用反证法证明）。因而直角边与斜边的比，不可能是两个整数的比。

由于无理数的发现，打破了毕达哥拉斯的“信条”，引起了数学界思想的混乱，出现了所谓的第一次数学危机。但数学并非在危机前停滞不前，反而在克服危机的过程中产生了欧几里得几何和非欧几何。希伯索斯是一个以身殉道的伟大的追求真理的先驱。

32.2 第二次数学危机

17 世纪由牛顿和莱布尼茨建立起来的微积分学由于在自然科学中的广泛应用，揭示了许多自然现象，而被高度重视。但在持续的一二百年内，这门科学却缺乏令人信服的严格的理论基础，存在着明显的逻辑矛盾。例如：对于 $y=x^2$ 而言，根据牛顿的流数计算法，有

$$y+\Delta y=(x+\Delta x)^2 \tag{32.1}$$

$$x^2+\Delta y=x^2+2x\Delta x+(\Delta x)^2 \tag{32.2}$$

$$\Delta y=2x\Delta x+(\Delta x)^2 \tag{32.3}$$

$$\frac{\Delta y}{\Delta x}=2x+\Delta x \tag{32.4}$$

$$\frac{\Delta y}{\Delta x}=2x \tag{32.5}$$

在上面的推导过程中，从（32.3）到（32.4），要求 Δx 不等于零，而从（32.4）到（32.5），又要求 Δx 等于零。

正因为在无穷小量中存在着这类矛盾，才引起当时颇具影响的红衣主教贝克莱对无穷小量的抨击。1734 年贝克莱在其所著的一本书名为《分析学家》的小册子里，称 Δx 为“逝去了的鬼魂”。意思是说，在微积分中有时把 Δx 作为零，有时又不为零，自相矛盾。贝克莱的指

责，在当时的数学界中引起混乱，这就是第二次数学危机的爆发。

在无穷小量的危机中，无穷小量顶住了各种形式的责难，以自己不可取代的应用优势发挥着巨大的作用。经过了一个多世纪之后最终在以零为极限的序列中找到了位置。从 19 世纪下半叶开始，极限理论逐渐取代了无穷小量的方法，并且在分析基础理论中具有统治地位，这样自然而然地解决了第二次危机。

32.3 第三次数学危机

在 19 世纪下半叶，由于严格的实数理论和极限理论的建立使得法国大数学家庞加莱在 1900 年巴黎召开的国际数学家大会宣称："数学的严格性看来直到今天才可以说是严格实现了。"因而对实数理论和极限理论的基础集合论给以很高的评价，但时隔两年，即在 1902 年突然传出了一个惊人的消息：著名的哲学家和数学家罗素发现了集合论的概念本身出现了矛盾。这就是罗素提出的著名悖论（什么是悖论，可参阅本书第 11 章．悖论的魅力）："宇宙是不存在的。"

这个悖论通俗地说，即宇宙是由一切事物组成的集合，而宇宙本身也是一个事物，所以宇宙也应属于这个集合，而这是不可理解的。因为一个集合与组成这个集合的元素是有着本质区别的。也就是说，这个包罗万象的宇宙是不能存在的。因为，若宇宙存在，就会引出矛盾。

这样，罗素的悖论涉及集合论中一个最基本的概念"集合"。罗素悖论使得"任何确定的条件的对象都可决定一个集合"这一条原则导致了矛盾。这就大大动摇了集合论的基础，同时，也动摇了整个数学的基础。所以，一般人称此为第三次数学危机，为了消除以上的矛盾，数学家提出了各种不同的解决方案。如罗素本人就主张把数学还原为逻辑，而希尔伯特提出形式化的方案。但数学界至今还未提出一个完善的解决方案。即使是逻辑学家、语言学家、哲学家等都在不同层次地卷入到集合论的解释行列中来，但是，最终人们还得在承认数学自身也存在矛盾的前提下，对集合论的思想和方法进行广泛的应用。

应该指出的是，数学史上的三次危机对中国几乎无甚影响。在中国古代数学中无理数的产生极为自然，由开方产生的无理数，其操作运算就是它的自然解释；而极限的思想方法在中国数学中只是作为一种数学处理方法而已，丝毫没有什么危机。

西方所谓的数学危机，本质上不是自身操作系统出现了危机，而是文化传统对数学操作系统的解释发生了危机。从数学危机的结果上分析，西方数学的危机并不是自身形式的改变，而是人们对数学认识的改变；是人们对数学的理解发生了改变。

33 考考您的智力

苏联教育家加里宁说过：“数学是锻炼思维的体操。”好的数学问题能锻炼思维、发展智力、扩大视野、提高能力，增加学习数学的兴趣。如果您能积极地投入，您会觉得数学并不是枯燥无味的，而会使您兴趣盎然。有人说过数学是一座大花园，会被其中的美沉迷而流连忘返。

下面我们提供几道饶有兴趣的问题来启发您的智力。首先您不妨自己先思考，能否有新颖而简洁的解法，实在想不出来，方可去看文章中所提供的答案。同时也可将您的解法与文章中的解法加以对比，看看谁的解法更新颖更简洁。

33.1 不通过计算，求出两相似图形的面积比

图 33-1 中的大正方形面积是小正方形面积的几倍？图33-2中大三角形的面积是小三角形面积的几倍？请您不通过计算给出答案。

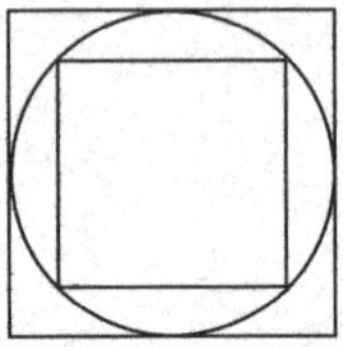

图 33-1

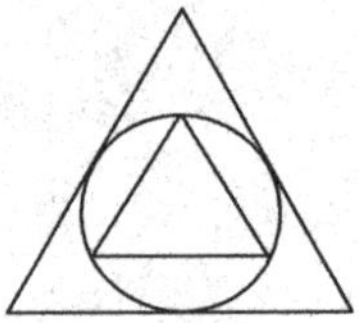

图 33-2

33.2 在逻辑排列中，图 33-3、图 33-4 的右下角应填什么图形

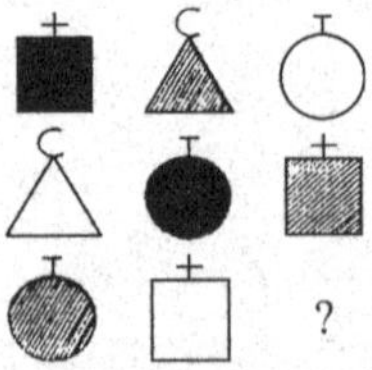

图 33-3

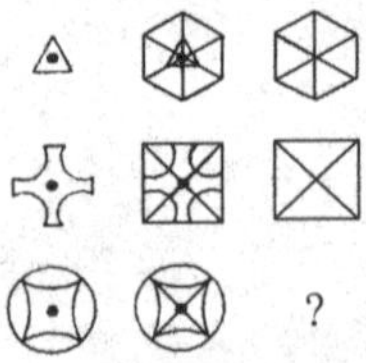

图 33-4

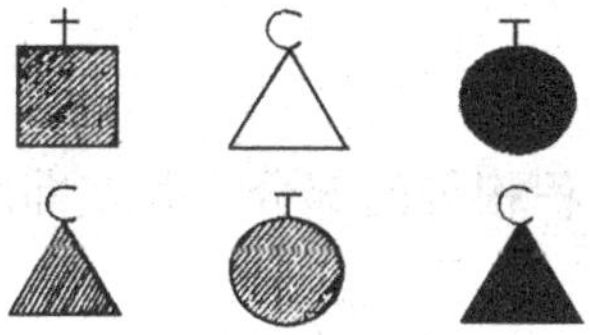

选择答案

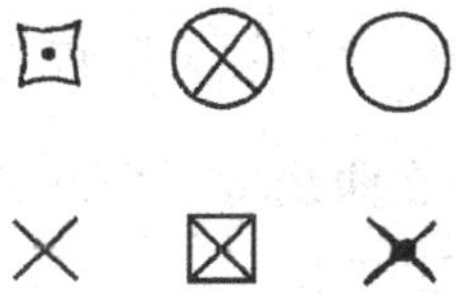

选择答案

33.3 到底转了几圈

如图 33-5、图 33-6 所示，桌子上紧挨着放着两枚同样大小的硬币 C_1 和 C_2。它们外切于 A 点，C_1 固定不动，C_2 沿着 C_1 币外缘无滑动地滚动，C_2 币滚动一周后，C_2 币与 C_1 币仍相切于 A 点。问 C_2 币自转了几周？

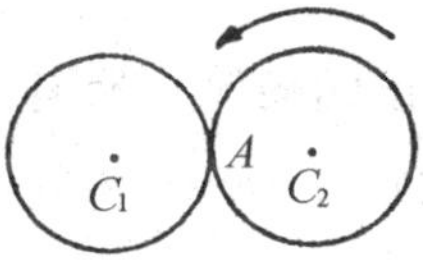

图 33-5

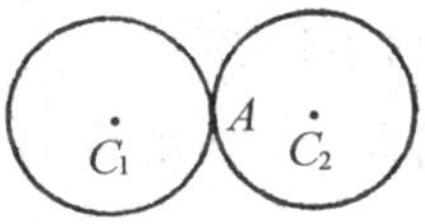

图 33-6

33.4 三用瓶塞

某人收集了三只瓶子，它们的瓶口形状分别如图 33-7 中的（a）～（c）所示。现在他想只做一只瓶塞，对三个瓶子都能适用，请您帮他设计一下。

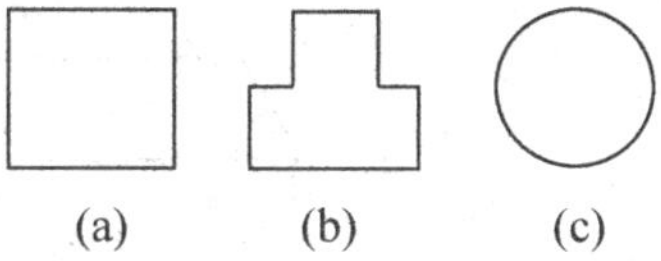

图 33-7

（未学过立体几何的读者不妨用切削萝卜来试试）

33.5 大小圆周一样长（亚里士多德诡辩）

如图 33-8 所示，在轮子上有两个同心圆，轮子滚动了一周，大圆上的点 A 平移到了点 A'，小圆上的点 B 平移到了点 B'，显然 $AA'=BB'$，这不说明了大圆周长等于小圆周长吗？那么问题出在哪里？

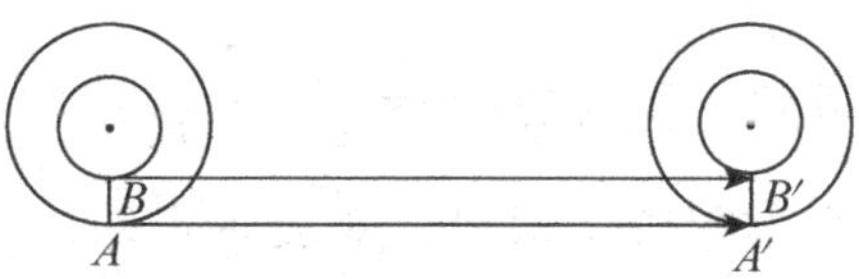

图 33-8

33.6 曲线等分正三角形面积

用什么曲线将一个正三角形分为两面积相等的部分，并使曲线的长最短？（图 33-9）

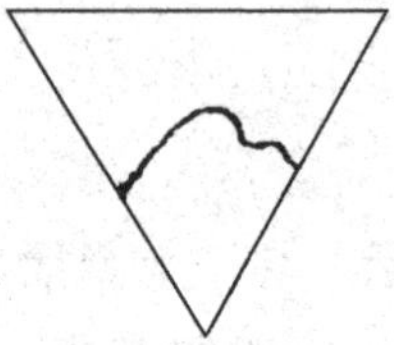

图 33-9

33.7 组合多面体有几个面

如图 33-10 所示，“一个正三棱锥和一个正四棱锥，所有的棱长都相等，问重合一个面后的组合体共有多少个面？”

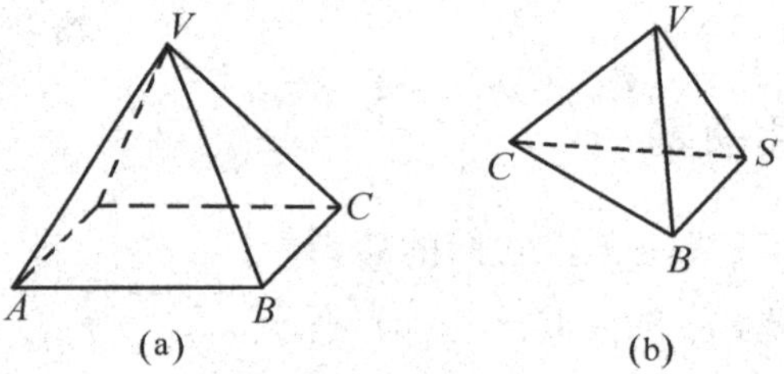

图 33-10

这是美国一道竞赛题，1982 年在美国佛罗里达州举行的一次有 83 万学生参加的全国初级学术能力测试题。标准答案是 7 个面（因为 5＋4－2，就是等于 7）。然而这个答案被一个叫丹尼尔的学生发现是错的，您想一想究竟为什么？（未学过立体几何的读者若想不出来，不妨做两个模型。）

33.8 自鸣得意的学者解方程

某学者见到一道解方程的题：$x=\sqrt{x-\frac{1}{x}}+\sqrt{1-\frac{1}{x}}$ 说道：“这还不容易，只需将这个方程脱了根号，变成一个四次方程去解，不就行了。”聪明的读者，您能不解四次方程就作出这道题吗？

33.9 三等分圆面积

如果让您将一个圆的面积三等分，您很容易想到只需将以圆心为顶点的圆周角分成三个 120°的圆心角，那么这三个角的边自然将圆面积三等分了。但如果有人问您，您最多有几种方法将圆面积三等分时，恐怕得要费一番脑子了！

下面我们来给出这几道题的解答。也许有些解法会让您“拍案叫绝”，有些结论会出乎您的意料，也许您可从中得到某种启迪，而对数学更感亲切、更有兴趣。

(1) 只需将小正方形转 90°，将小三角形转 60°（图 33-11、图 33-12），就可看出大正方形面积是小正方形面积的两倍，大三角形面积是小三角形面积的四倍。

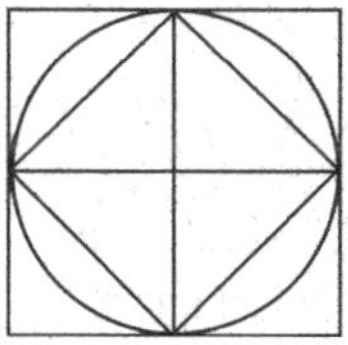

图 33-11

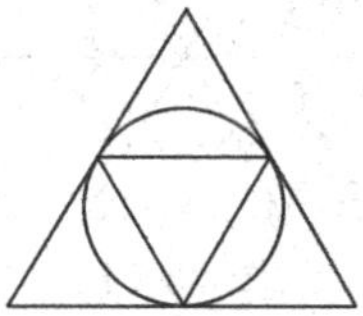

图 33-12

(2) 图 33-3 中每一行都有黑、阴影、白三种色和正方形、三角形、圆三种图形。故知第三行的最后一个图形应是黑三角形“▲”；图 33-4 中第二列图形是由第一列图形与第三列图形重叠而成的，故第三行的最后一个图形应是一个“×”。

(3) C_2 硬币应转了两圈。图 33-5 因 C_2 与 C_1 起始时相切于点 A，如果在转动过程中 C_2 币的 A 点一直与 C_1 接触（即滑动），这时当 A 回到原来位置时（图 33-6），C_2 币已自转了一圈，如果 C_2 币绕 C_1 币作无滑动的滚动一周，则 C_2 币已自转两圈了。

(4) 先找一个正方体，使侧面正好与瓶口图 33-7(a) 相配；然后将它削去左上方与右上方部分，使它与瓶口图 33-7(b) 相配；再削圆使其与瓶口图 33-7(c) 相配；最后得到的立方体便是可用的瓶塞了（图 33-13）。该题与三视图知识有关。

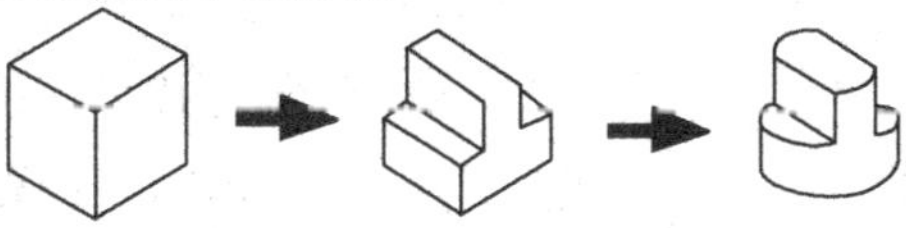

图 33-13

(5) 图 33-8 这个结论显然是错误的。其错误在于：当轮子滚动一周时，大圆作无滑动的纯滚动，所以 AA' 是大圆周的长；而小圆确实连滚动带滑动（可参看第三题答案），因而 BB' 大于小圆的周长，因此虽然 $AA'=BB'$，并不能推出大圆周长等于小圆周长。这个诡辩是由公元前 3 世纪亚里士多德提出来的，故称亚里士多德诡辩。

(6) 我们取定此等边三角形的一个顶点，然后以过顶点的两边为轴，把这个等边三角形连同等分它的曲线反转 5 次，形成一正六边形。在正六边形内有一条封闭的曲线， 把正六边形二等分（图 33-14）。因为要求曲线最短，故此曲线必为圆（图 33-15）。所以这条曲线是以我们取的顶点为圆心的一个圆。

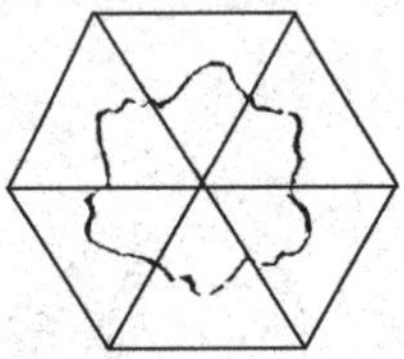
图 33-14

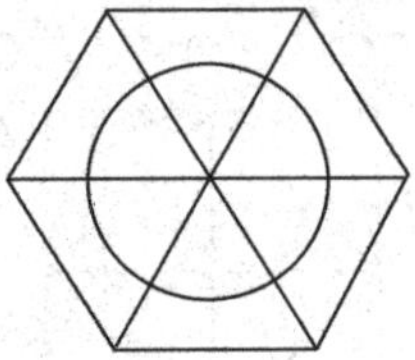
图 33-15

我们还可以进一步求出这个圆的半径长。

设正六边形边长为 a，则正六边形的面积为

$$S_{正六边形}=6\cdot\frac{\sqrt{3}}{4}a^2=\frac{3\sqrt{3}}{2}a^2$$

所以圆面积为 $\frac{3\sqrt{3}}{4}a^2$。故有

$$\pi R^2=\frac{3\sqrt{3}}{2}a^2,\ \therefore R=\sqrt{\frac{3\sqrt{3}}{4\pi}}a\approx 0.64a$$

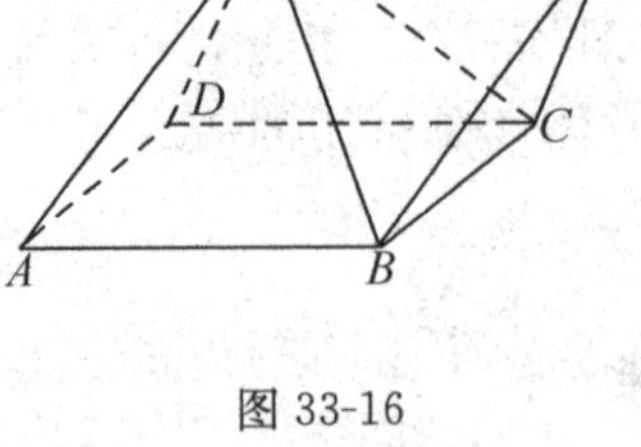

图 33-16

(7) 图 33-10 实际只有 5 个面。这是因为正三棱锥两个侧面所成的二面角与正四棱锥的两个侧面所成的二面角之和为 180°（证略）。这只需做两个模型实验便可知道了（图 33-16）。

(8) 完全可以不用像那位学者所说的“解四次方程”，一样可以求出此方程的解：

设 $a=\sqrt{x-\frac{1}{x}}$， $b=\sqrt{1-\frac{1}{x}}$，则

$$a+b=x \qquad (33.1)$$

因为 $x\neq 0$，所以

$$a-b=\frac{a^2-b^2}{a+b}$$

$$=\frac{\left(x-\frac{1}{x}\right)-\left(1-\frac{1}{x}\right)}{x}=\frac{x-1}{x}=1-\frac{1}{x}$$

即

$$a-b=1-\frac{1}{x} \qquad (33.2)$$

(33.1)+(33.2)式，得： $2a=x-\frac{1}{x}+1=a^2+1$

所以，有 $a^2-2a+1=0$，得 $a=1$

即 $x-\frac{1}{x}=1, x^2-x-1=0$

解得 $x=\frac{1\pm\sqrt{5}}{2}$

经检验 $x=\frac{1+\sqrt{5}}{2}$ 是原方程的根

(33.1)、(33.2) 两式称为对偶式。对偶也是一种对称，这种解法也体现了一种对称、和谐的美。

(9) 除了图 33-17 的三等分圆外，图 33-18 的 9 个图形都是将圆面积三等分法。岂不让您大开眼界。

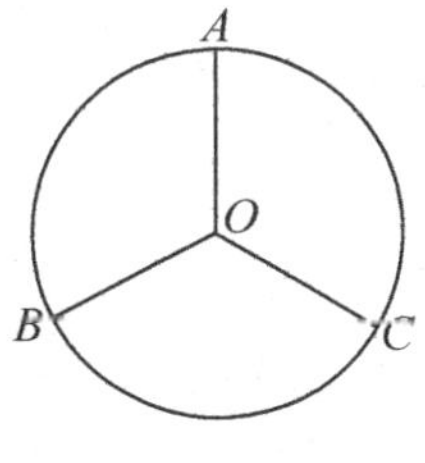

图 33-17

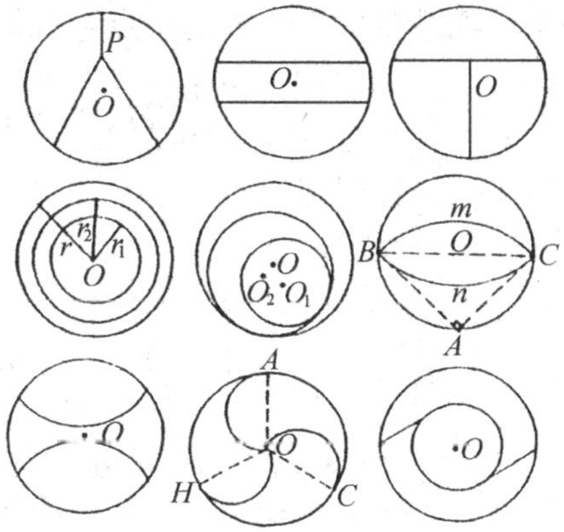

图 33-18

34 巧妙、有趣、优美的等式

34.1 巧妙而正确的等式

有一些运算，在恒等变换时，看似“奇怪”而“荒谬”，但结果却是正确的，您不相信，请看看以下几个不同寻常的演算。

1. 可“约去”指数的等式

如果有学生在做数学演算时，作出以下的演算

$$\frac{5^3+2^3}{5^3+3^3}=\frac{5+2}{5+3}=\frac{7}{8}$$

$$\frac{7^3+3^3}{7^3+4^3}=\frac{7+3}{7+4}=\frac{10}{11}$$

$$\frac{432^3+321^3}{432^3+111^3}=\frac{432+321}{432+111}=\frac{753}{543}=\frac{251}{181}$$

粗心的老师一定会在他的作业本上画一个大“×”号。而学生看了不服气，过来跟老师说他做的是对的，老师不相信做了几遍，发现学生做的这个等式是正确的。如果是“碰巧”，怎会几个等式都会这样“碰巧”呢？

如果仔细观察式子个数的特点，我们就可以作出如下的猜想

$$\frac{a^3+b^3}{a^3+(a-b)^3}=\frac{a+b}{a+(a-b)}$$

看看是否能证明呢？

$$\frac{a^3+b^3}{a^3+(a-b)^3}$$

$$=\frac{(a+b)(a^2-ab+b^2)}{[a+(a-b)][a^2-a(a-b)+(a-b)^2]}$$

$$=\frac{(a+b)(a^2-ab+b^2)}{[a+(a-b)](a^2-ab+b^2)}=\frac{a+b}{a+(a-b)}$$

事实上，只需将 a，b 代入不同的实数（不一定是整数）都可以得

出以上类似的结果。而这个运算好像是把等式左边分子、分母上的指数约掉了一样。

2. 可“约去”对数符号的等式

如果说$\frac{\lg 2}{\lg 4}=\frac{2}{4}$，$\frac{\lg\frac{9}{4}}{\lg\frac{27}{8}}=\frac{\frac{9}{4}}{\frac{27}{8}}=\frac{2}{3}$，您相信吗？

事实上，上面的等式是对的。这是因为，恒等式

$$\frac{\lg\left(\frac{m+1}{m}\right)^{m}}{\lg\left(\frac{m+1}{m}\right)^{m+1}}=\frac{\left(\frac{m+1}{m}\right)^{m}}{\left(\frac{m+1}{m}\right)^{m+1}}$$

是对的。证明如下：左式$=\frac{m}{m+1}\cdot\frac{\lg\left(\frac{m+1}{m}\right)}{\lg\left(\frac{m+1}{m}\right)}=\frac{m}{m+1}$；右式$=\left(\frac{m+1}{m}\right)^{-1}=\frac{m}{m+1}$。

当$m=1$、2 时，便是上面的两个等式，它们好像是将分子、分母中的对数符号约去了一样。

3. 两数积等于两数和的等式

我们说 $\frac{8}{7}\times 8=\frac{8}{7}+8$，$\frac{11}{10}\times 11=\frac{11}{10}+11$，这不是很神奇吗？

事实上，等式 $\frac{n+1}{n}\times(n+1)=\frac{n+1}{n}+(n+1)$ 是成立的。因为

左式$=\frac{(n+1)^2}{n}$，右式$=\frac{(n+1)+n(n+1)}{n}=\frac{(n+1)^2}{n}$

所以当$n=7$，10 时，便是以上的两个等式了。

4. 可把代分数的整数部分提到根号外的等式

请看等式$\sqrt{5\frac{5}{24}}=5\sqrt{\frac{5}{24}}$，$\sqrt{7\frac{7}{48}}=7\sqrt{\frac{7}{48}}$，$\sqrt{10\frac{10}{99}}=10\sqrt{\frac{10}{99}}$，这不是把代分数的整数部分提到根号外了吗？这些等式是否成立呢？这要看下面的等式是否成立了

$$\sqrt{a+\frac{a}{a^2-1}}=a\sqrt{\frac{a}{a^2-1}}$$

因为左边$=\sqrt{\frac{a^3-a+a}{a^2-1}}=\sqrt{\frac{a^3}{a^2-1}}=a\sqrt{\frac{a}{a^2-1}}=$右边，这说明等式是成

立的，因此，只需令 $a=5$，7，10，便可得到前面的三个等式。事实上，对上面的等式还可推广为

$\sqrt[n]{a+\frac{a}{a^n-1}}=a\sqrt[n]{\frac{a}{a^n-1}}$（$n$ 可为大于 1 的任意自然数）（证略）

因而，下面的等式也是成立的：

$$\sqrt[3]{5\frac{5}{124}}=5\sqrt[3]{\frac{5}{124}},\ \sqrt[4]{3\frac{3}{80}}=3\sqrt[4]{\frac{3}{80}},\ \sqrt[5]{3\frac{3}{242}}=3\sqrt[5]{\frac{3}{242}}$$

对于公式中的 a 并非只能取正整数，对于取任意实数都是成立的。

5. 指数可交换的等式

当 $a\neq b$ 时，一般说来是 $a^2+b\neq a+b^2$ 的，然而下面的等式是成立的，您相信吗？

$\left(\frac{1}{6}\right)^2+\frac{5}{6}=\frac{1}{6}+\left(\frac{5}{6}\right)^2$，$\left(\frac{1}{9}\right)^2+\frac{8}{9}=\frac{1}{9}+\left(\frac{8}{9}\right)^2$，$\left(\frac{1}{100}\right)^2+\frac{99}{100}=\frac{1}{100}+\left(\frac{99}{100}\right)^2$，…

这就看等式 $\left(\frac{1}{n}\right)^2+\frac{n-1}{n}=\frac{1}{n}+\left(\frac{n-1}{n}\right)^2$ 是否成立了？

$\because \left(\frac{1}{n}\right)^2+\frac{n-1}{n}=\frac{1}{n^2}+\frac{n^2-n}{n^2}=\frac{n^2-n+1}{n^2}$

而 $\frac{1}{n}+\left(\frac{n-1}{n}\right)^2=\frac{n}{n^2}+\frac{n^2-2n+1}{n^2}=\frac{n^2-n+1}{n^2}$

$\therefore$ 有等式 $\left(\frac{1}{n}\right)^2+\frac{n-1}{n}=\frac{1}{n}+\left(\frac{n-1}{n}\right)^2$ 成立。

如果令 $n=6$，9，100，不就是前面的三个等式吗？

事实上，下面推广的等式也是成立的

$\left(\frac{b}{a}\right)^2+\frac{a-b}{a}=\frac{b}{a}+\left(\frac{a-b}{a}\right)^2$，其中 a、b 可为任意实数，这是因为

$$\text{左边}=\frac{b^2}{a^2}+\frac{a^2-ab}{a^2}=\frac{a^2-ab+b^2}{a^2}$$

$$\text{右边}=\frac{ab}{a^2}+\frac{a^2-2ab+b^2}{a^2}=\frac{a^2-ab+b^2}{a^2}$$

$$\therefore\ \left(\frac{b}{a}\right)^2+\frac{a-b}{a}=\frac{b}{a}+\left(\frac{a-b}{a}\right)^2$$

因而我们又可构造出一系列的等式

$$\left(\frac{5}{7}\right)^2+\frac{2}{7}=\frac{5}{7}+\left(\frac{2}{7}\right)^2$$

$$\left(\frac{\pi}{4}\right)^2+\frac{4-\pi}{4}=\frac{\pi}{4}+\left(\frac{4-\pi}{4}\right)^2$$

$$\left(\frac{\sqrt{3}}{3}\right)^2+\frac{3-\sqrt{3}}{3}=\frac{\sqrt{3}}{3}+\left(\frac{3-\sqrt{3}}{3}\right)^2$$

如果 a 是大于 0 且小于 1 的实数，则显然有

$$a^2+(1-a)=a+(1-a)^2$$

因为它与等式 $\left(\frac{1}{n}\right)^2+\frac{n-1}{n}=\frac{1}{n}+\left(\frac{n-1}{n}\right)^2$ 是等价的（其中 n 是大于 1 的正实数）。

从以上几个看似“荒谬”然而却是正确的等式中，可以看出在特定的条件下，代数式可能呈现出一些不合常态的有趣规律。如果您在代数式的运算中认真观察，您也可以发现一些不同一般的有趣等式，这对提高您的观察、归纳、推理能力，将是很有益的。

6. 三角函数的和积等式

不仅在代数式中有一些“荒谬”的等式，就是在三角函数中也有着“出人意料”的等式。

请看下面的等式

$$\sec^2 38°\csc^2 38°=\sec^2 38°+\csc^2 38°$$

同样使人感到出人意料。然而如下的证明是正确无误的。

$$\sec^2 x\csc^2 x=\frac{1}{\sin^2 x\cos^2 x}=\frac{\sin^2 x+\cos^2 x}{\sin^2 x\cos^2 x}$$

$$=\frac{1}{\sin^2 x}+\frac{1}{\cos^2 x}=\sec^2 x+\csc^2 x$$

事实上，还可以找到很多这样类似的恒等式

$$\tan^2 x\sin^2 x=\tan^2 x-\sin^2 x$$

$$\cot^2 x\cos^2 x=\cot^2 x-\cos^2 x$$

……

34.2 一串有趣的等式

由恒等式

$$[3(10^k+10^{k-1}+\cdots+10+1)n+1]^2$$

$$=n^2(10^{2k+1}+10^{2k}+\cdots+10^{k+1})+(6n-n^2)(10^k+10^{k-1}+\cdots+10+1)+1$$

可以导出两组有趣的等式：

(1) 当 $n=1$，$k=1$，2，3，4…时，有

$$34^2=1156,\ 334^2=111\ 556,\ 3334^2=11\ 115\ 556,$$
$$33\ 334^2=1\ 111\ 155\ 556,\ \cdots$$

(2) 当 $n=2$，$k=1$，2，3，4…时

$$67^2=4489,\ 667^2=444\ 889,\ 6667^2=44\ 448\ 889,$$
$$66\ 667^2=4\ 444\ 488\ 889,\ \cdots$$

34.3 优美的算式与优美的答案

1. 请看算式

$$\frac{999\ 999\ 999\times 999\ 999\ 999}{1+2+3+4+5+6+7+8+9+8+7+6+5+4+3+2+1}$$

它整齐、匀称、和谐、平衡，给人以美的感受，使人对它感兴趣。易知分式的分母为 9×9，于是，知分式的结果

$$111\ 111\ 111\times111\ 111\ 111=12\ 345\ 678\ 987\ 654\ 321$$

这个答案显然具备分式的特点，使人感到惊奇。

事实上，您只需在上述算式中改变一个数字，会有类似的结果

$$\frac{88\ 888\ 888\times 88\ 888\ 888}{1+2+3+4+5+6+7+8+7+6+5+4+3+2+1}$$
$$=11\ 111\ 111\times11\ 111\ 111=123\ 456\ 787\ 654\ 321$$

您如果认真进行观察、归纳，是不难写出它们的一般形式的。

2. 如果让您计算下式

$$\frac{1}{1+x^{c-b}+x^{c-a}}+\frac{1}{1+x^{b-a}+x^{b-c}}+\frac{1}{1+x^{a-b}+x^{a-c}}$$

您如果将三个分母相乘通分后再相加，则将是不胜其烦的，但如果您注意到原式是一个关于 a，b，c 的轮换对称式，其分母也应是关于 a，b，c 轮换对称式，便可得到以下的两种简便解法，想不到这三个复杂式子的和竟然是一个简单的数 1。

解法 1

$$\text{原式}=\frac{x^{a+b}}{x^{a+b}+x^{b+c}+x^{a+c}}$$
$$+\frac{x^{c+a}}{x^{a+b}+x^{b+c}+x^{c+a}}+\frac{x^{b+c}}{x^{a+b}+x^{b+c}+x^{c+a}}=1$$

解法 2

$$
\text{原式}=\frac{x^{-c}}{x^{-c}+x^{-a}+x^{-b}}+\frac{x^{-a}}{x^{-c}+x^{-a}+x^{-b}}+\frac{x^{-b}}{x^{-c}+x^{-a}+x^{-b}}=1
$$

算式的对称、和谐与答案的简单融为一体。

无论是“荒谬”的等式，还是优美算式的等式，都体现了这些等式巧妙结构本身所具有的对称、和谐和奇异的内在美，恒等变换是一种平淡无奇、枯燥无味的运算，只要认真钻研，您会感到趣味无穷的，说不定您还会发现一些奇异的等式呢！

35 奇异的数的世界

毕达哥拉斯说：数统治着宇宙。伯克霍夫说：“整数的简单构成，一直是使数学获得新生的源泉。”在整个数学中，数论（对数的研究）分支是最“美”的，像一座长满奇异花草的大花园。而对一些特殊数的探究，吸引着众多的专家和数学爱好者用大量的精力去研究而乐此不疲。下面介绍几种特殊的正整数。

35.1 完全数

如果一个正整数等于除它自身以外的各个正因子之和，则这个数叫作“完全数”。完全数是被古人视为瑞祥的数，古希腊人在公元 2 世纪末已发现了四个完全数。最小的一个完全数是$6=1+2+3$。意大利人把 6 看成是属于爱神维纳斯的数，以象征美满的婚姻。

在自然数里，到底有多少完全数呢？有人作过统计，在 1 到40 000 000 这么多数里，只有 5 个完全数，它们是

$6=1+2+3$

$28=1+2+4+7+14$

$496=1+2+4+8+16+31+62+124+248$

$8128=1+2+4+8+16+32+64+127+254+508+1016+2032+4064$

还有一个完全数是 33 550 336。可见完全数是非常稀少的。

从第四个完全数 8128 到第五个完全数 33 550 336 的发现经过了一千多年，这是因为第五个完全数要比第四个完全数大了 4100 多倍。这可能是历经一千多年才艰难跨出一步的原因。

完全数还有一些鲜为人知的性质，如：

(1) 所有完全数都可以表达为 2 的一些连续整数次幂之和，如

$6=2^1+2^2$

$28=2^2+2^3+2^4$

$8128=2^6+2^7+2^8+\cdots+2^{12}$

$33\ 550\ 336=2^{12}+2^{13}+2^{14}+\cdots+2^{24}$

(2) 除了 6 以外，其他完全数可表示为连续奇数的三次方之和，如

$28=1^3+3^3$

$496=1^3+3^3+5^3+7^3$

$8128=1^3+3^3+5^3+\cdots+15^3$

$33\ 550\ 336=1^3+3^3+5^3+\cdots+125^3+127^3$

如此完美的模式，难怪完全数如此迷人，具有魅力，因此，完全数是极美的数。

(3) 迄今为止，发现的完全数都是偶数，还没有发现一个奇完全数，但也没有证明奇完全数不存在。

(4) 迄今为止，发现的完全数都具有以下的形式

$$N=2^{n-1}(2^n-1)\qquad(\text{其中 } n \text{ 与 } 2^n-1 \text{ 都是素数})$$

35.2 亲和数

若正整数 M 的全部正因子（去掉其本身）之和，恰为自然数 N，而 N 的全部正因子（去掉其本身）之和恰为正整数 M，则称 M、N 为一对亲和数。最简单的一对亲和数是 220 和 284，把 220 的全部正约数（不包括 220 本身）加起来为

$$1+2+4+5+10+11+20+22+44+55+110=284$$

而把 284 的全部正约数（不包括 284 本身）加起来为

$$1+2+4+71+142=220$$

想不到枯燥的数字之间也有这种“我中有你，你中有我”的亲密无间的“相亲数”。在毕达哥拉斯时代就知道有这一对亲和数。当时人们认为只有这一对亲和数，一直延续了两千多年，人们对此坚信不疑。直到 1636 年皮勒发现并公布了第二对亲和数 17 296 和 18 416，这才破除了只有一对亲和数的迷信，也激发起了寻找更多亲和数的热情。

后来杰出的阿拉伯数学家本・科拉建立一个有名的亲和数公式：

设 $a=9\cdot 2^n-1$，$b=3\cdot 2^{n-1}-1$，$c=9\cdot 2^{2n-1}-1$。这里 n 是大于 1

的正整数，如果 a，b，c 全是素数的话，那么 $2^n \cdot ab$ 与 $2^n \cdot c$ 便是一对亲和数。

例如，当 n 等于 2 时，有 $a=11$，$b=5$，$c=71$，它们都是素数，即 $2^n \cdot ab=220$ 和 $2^n \cdot c=284$ 便是一对亲和数。有了这一公式，人们可以相当容易地写出一系列亲和数。大数学家欧拉在 1750 年，一口气向公众宣布了 60 对亲和数，使人大吃一惊，人们认为对亲和数的研究已达顶峰了。然而，在 1866 年，一个年仅 16 岁的青年巴格尼却令人惊讶地发现了 1184 与 1210 是一对亲和数，它们仅比 220 和 284 稍大一些。原来数学家也将近在身边的第二对亲和数遗漏了。

如今，人们已经发现了 1200 对亲和数。电子计算机出现后，人们可以用高速度大容量的计算去探索更多的亲和数。人们现在已知最大的一对亲和数是 111 448 537 712 和118 853 793 424，要把它们的因数找出来再求和，推证它们之间的关系，没有现代计算机工具的帮助是很困难的。

35.3 完全平方数

一个整数的平方称为完全平方数，简称平方数。如：1、4、9、16、25、36、49、64、81、100、…都是平方数。在整数中除了素数外，最引人注目的就是平方数。平方数在正整数中比素数更加稀疏，且具有规律性。不超过正整数 n 的平方数（不算 0）的个数是$\sqrt{n}$的整数部分。

在哪些情况下可以出现完全平方数？

（1）前 n 个奇数的和一定是平方数，

$1=1^2$，$1+3=2^2$，$1+3+5=3^2$，一般地，$1+3+5+7+\cdots+(2n-1)=n^2$。

（2）前 n 个正整数的和有可能是平方数，

如 $1+2+3+\cdots+8=6^2$，$1+2+3+\cdots+49=35^2$，……这种和数中包含的平方数有无穷多个。

（3）两个相邻正整数之和有可能是平方数，$4+5=3^2$，$12+13=5^2$，$24+25=7^2$。

一般地，当 k 为大于 1 的奇数时，$\frac{k^2-1}{2}$，$\frac{k^2+1}{2}$为相邻的两个正整

数，而$\frac{k^2-1}{2}+\frac{k^2+1}{2}=k^2$，故知任何大于 1 的平方数都能表示成两个相邻正整数的和。

(4) 四个相邻正整数的乘积与 1 的和一定是完全平方数，

例如$1\cdot2\cdot3\cdot4+1=5^2$，$2\cdot3\cdot4\cdot5+1=11^2$，$3\cdot4\cdot5\cdot6+1=19^2$，$5\cdot6\cdot7\cdot8+1=41^2$。

一般地有

$$\begin{aligned}&n(n+1)(n+2)(n+3)+1\\=&[n(n+3)][(n+1)(n+2)]+1\\=&(n^2+3n)(n^2+3n+2)+1\\=&(n^2+3n)^2+2(n^2+3n)+1\\=&(n^2+3n+1)^2\end{aligned}$$

35.4 多边形数

多边形数是这样的数，它的形状与多边形的形状有着密切的关系，例如（图 35-1～图 35-3）：

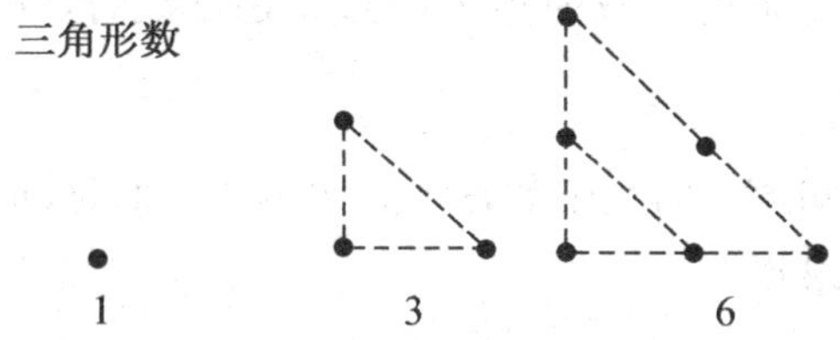

图 35-1

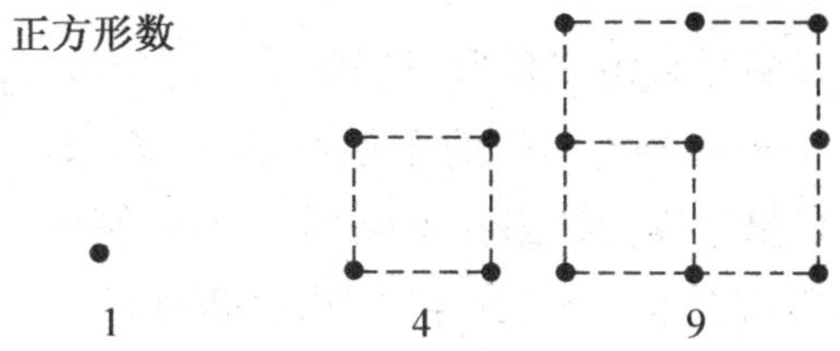

图 35-2

五边形数

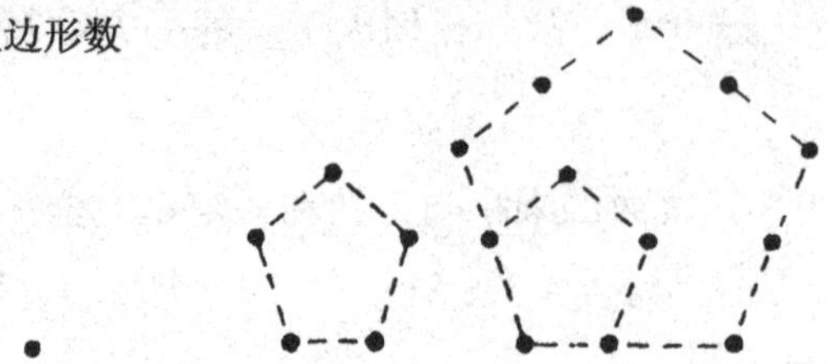

图 35-3

35.5 勾股弦数

我们把满足不定方程 $a^2+b^2=c^2$ 的正整数 a、b、c 称为勾股弦数。

我国古代数学书《周髀算经》中，就已有“勾三、股四、弦五”的提法，即 $3^2+4^2=5^2$。

在刘徽的《九章算术注》中，又记录了 $5^2+12^2=13^2$，$8^2+15^2=17^2$，$7^2+24^2=25^2$，$20^2+21^2=29^2$，……许多组整数解。

古希腊数学家毕达哥拉斯指出，当 n 是奇数时，n，$\frac{n^2-1}{2}$，$\frac{n^2+1}{2}$ 是勾股弦数。

现在大家都知道，勾股弦数是无穷无尽的，而且许多的勾股弦数都能由下面的公式求得

$$\begin{cases} a=k(m^2-n^2) \\ b=2kmn \\ c=k(m^2+n^2) \end{cases} \quad \text{其中，} k, m, n \text{ 为整数，且 } m>n$$

勾股弦数正好满足直角三角形三边关系，即勾股定理。

是否有满足 $a^2+b^2+c^2=d^2$ 的正整数解 a、b、c、d 呢？回答是肯定的。同时想要举出这样的数组并不困难。只需将两个勾股数相加，便可得到，如$3^2+4^2=5^2$ 和 $5^2+12^2=13^2$ 相加即得 $3^2+4^2+12^2=13^2$，又如 $8^2+15^2=17^2$ 和 $9^2+12^2=15^2$ 相加即得 $8^2+9^2+12^2=17^2$。

35.6 还有许多有趣的数

(1) 魔术数：如果一个数接写在另一个数后面，所得到的新数能被

这个数整除，则这个数称为魔术数。如 2 接写在 37 后面得到 372，能被数 2 整除，数 2 是一个魔术数。

（2）缺 8 数：如今人们把“8”与“发”画上等号，指对它的青睐。然而，有许多人竟在研究一个缺 8 数 12 345 679 时，发现这个数有许多有趣的性质：例如

$$12\,345\,679\times9=111\,111\,111$$
$$12\,345\,679\times18=222\,222\,222$$
$$12\,345\,679\times27=333\,333\,333$$
$$12\,345\,679\times36=444\,444\,444$$
$$12\,345\,679\times81=999\,999\,999$$
$$12\,345\,679\times12=148\,148\,148$$
$$12\,345\,679\times15=185\,185\,185$$
$$12\,345\,679\times57=703\,703\,703$$

缺 8 数还有许多有趣的性质等待人们去发掘。

（3）史密斯数：美国数学家阿尔伯特·威兰斯基在同他姐夫史密斯交谈时，发现他的电话号码 4 937 775 是几个素数的积 $3\times5\times5\times65\,837$ 表示的合数。这些数的各位数之和 $3+5+5+6+5+8+3+7=42$，而这个数各位数字之和 $4+9+3+7+7+7+5=42$ 也是 42。我们称具有这种性质的数为史密斯数。

在奇妙的数的世界里遨游，不但能开阔眼界，还能启迪人的智慧。

36 正整数记趣

一些国家和民族对某些正整数有特殊的情感，表现出不同的好恶，反映出不同民族的习俗和文化背景，倒是一件趣事。

36.1 “从无到有”与“黑暗”的“一”

中国古人认为，万物均由天地阴阳交感而成，形成了道生一，一生二，二生三，三生天地，天地生阴阳，阴阳生万物的数学关系观。“一”的意义成了“从无到有”，而在3000年前的巴比伦数学中，“1”是一个不祥的数字，1万称为“黑暗”，1万万则是“黑暗的黑暗”。

36.2 走向成功的“三”

中国古人认为，“三”是一个成功的数字。史记云：“数始于一，终于十，成于三”，《老子》则说：“道生一，一生二，二生三，三生天地。”亚里士多德说：“人类所需要的知识有三：理论、使用、鉴别。”法国生物学家巴斯德说：“立志、工作、成功是人类活力的三大要素。立志是事业之门，工作是登堂入室的旅程，旅程的尽头是成功。”法国天文学家戴布劳格林总结自己经验有三大原则：广见闻，多阅读，勤实践。法国文学家卢梭把读书分为三个步骤：储存、比较、批判。陈景润说：“学习要有三心：一是信心，二是决心，三是恒心。”郭沫若期望青年必须具有“三大基础”即思想基础、科学基础和语文基础。

36.3 好恶不同的“四”

在日语中“四”“死”发音相似，故日本人忌用“四”。难怪美国有家高尔夫球生产家为使产品打入日本市场，更新包装设计，每盒装4

个，不料到日本后一直滞销。相反，阿拉伯人对“四”有好感，他们把四瓣形玫瑰花视为“生命之花”，用它表示长生不老。我国对“四”也颇欣赏：古有四书，四大古典名著，民间四大传说，汉字书法有四体，还有“四季发财”之说，相声演员马季花了四十分钟竟没有道完“四”。

36.4　吉祥与魔鬼数字“六”

从秦始皇起，就确定了6的吉祥之意，他把6渗透到许多政策法令中。他将全国统一后定为了6郡，在咸阳建270座宫殿，这都是6的倍数。皇车用六匹马拉。我国古代的“六诏”后裔——白族人，现仍保持着崇六的礼俗；妇女生了小孩，娘家必须送粮6斤或几斤6两，鸡蛋几十又6个。而在日本赠送礼品却忌用六，三个“6”字连写是魔鬼的代号。美国前任总统里根在卸任前，打算移居莱尔市的克劳德大街，当他知道自己未来的别墅牌号是“666”时，大惊失色，急忙动用总统权威命令该市政府将寓所号码改动。

36.5　最神秘的数字“七”

玛雅人认为他们的祖先是七个山沟里的七个神仙。西藏人一向认为人类的启蒙者来自天上的七颗行星上的七位国王。基督教认为，天堂分为七层，佛教认为，万物皆七种原（地、水、火、风、空、识、根）生成。而伊斯兰教的穆斯林们偏爱“七”：他们每隔七天举行一次聚礼，朝觐仪式也多用七或七的倍数来进行。甚至有些伊斯兰教建筑也爱用七这个数。如麦加清真大寺的尖塔，不多不少正好七个。北京中国伊斯兰经学院正门的台阶是七级，礼堂前的拱门是七个，礼拜殿的南北窗户各为七扇。但巴比伦人视“七”像咒语一样可怕，他们以七日为单位，把一个月分为四周，避免每月的7、14、21和27日处理重要事务，他们将世界划分成七个区域，认为宇宙有统治七个区域的七个神和七个恶魔。

36.6　吉祥幸运的“八”

佛教视“八”为 个神圣的数字。有的学者认为，八卦在远古时代可能是八个官职的名称，那时可能有一种巫术舞蹈，八个人为一组，两组人不断交换位置，从而演出八八六十四卦，以卜吉凶。由于“八”字与“发”谐音，八是吉祥的数字，所以神州处处的风景名胜便与“八”结下了不解之缘。

首都北京有“燕京八景”；古都西安有“关中八景”；芙蓉水乡有“潇湘八景”；南国花城有“羊城八景”；安徽有“芜湖八景”；甘肃有“天水八景”；四川有“丰都八景”；广西有“桂林八景”；湖北有“当阳八景”；上海有“沪上八景”；浙江有“普陀八景”和“严陵八景”；河南有“洛阳八景”和“开封八景”；厦门有“大八景和小八景”；台湾有“新竹八景”，真可谓“神州处处有八景”。

港澳台地区的人们视“八”为吉祥数，这是由于广东话中“八”的音即是“发”的音。因此，人们往往爱选择有“八”的数字。又因为横写的“8”字为无限大，意味着事业的成功、生活的幸福和爱情的美满。

36.7 中华民族崇尚的数字“九”

在阴阳学中，奇数为阳，偶数为阴，九是阳数的最大者，故成为极阳数。古人称天为“九天”，屈原《九歌》中“九”的含义为天体宇宙；而将地划为“九州”、“九垓”；皇帝贵为天子，所属之地，称为“九重”；宗庙则称为“九庙”，道路谓之“九陌”；山有“九巅”，水有“九河”，地下尚有“九泉”；官有“九品”，以致棋手也分“九段”。《易经》视“九”为吉祥数，中国古代皇家建筑中到处都有“九”：故宫四个角的结构是九梁十八柱，皇家院门上的钉数是纵九横九。

冬至以后开始数九，共有九个九，最后一个九已是春日煦煦，成为“九九艳阳天”了。

36.8 索洛图思城偏爱数“十一”

瑞士古城索洛图思对“11”充满了崇拜之情。19 世纪，该城就有 11 座教堂，11 座喷泉，11 座塔楼，11 个消防龙头，州议会有 11 名高级议员。如今，异地游客来到该城时，就有 11 名导游小姐引导您参观 11 座博物馆，11 座喷泉，并有 11 家银行和 11 家饭店为您提供服务。该城偏爱 11 的原因是，1487 年该城成为瑞士联邦的第 11 个州。

36.9　受人青睐的“十二”

对于西方人，“12”备受人们的青睐。如长度单位一英尺等于 12 英寸；重量单位一磅等于 12 盎司；一先令等于 12 便士；一打等于 12 个；足球比赛中的点球的距离为 12 码等。

中国也喜欢“十二”这个数字：如十二地支；十二生肖；一昼夜分十二时辰等，还有《红楼梦》中的十二金钗，一年的十二个月，时针走一圈为十二小时，音乐中的十二平均律等。人身上的结构也与“十二”挂钩：脑有十二对脑神经，人有十二经脉，两个眼球共有十二块成对分布的眼外肌；胸有十二块胸椎，十二对肋骨，十二胸节，并由此发出十二对神经。

36.10　风靡西方的“十三”恐惧症

1970 年 4 月 11 日发射的美国“阿波罗 13 号”宇宙飞船的爆炸事后查明是设计缺陷所致。但有许多报纸认为，除了技术原因外，还由于有“13”从中作祟。在他们看来，飞船编号为 13，发射台为 39 号（13 的 3 倍），爆炸又发生在中部时间 13 日 13 时 13 分，这么多的“13”从中作祟，“阿波罗 13 号”便“劫数难逃”了。

在西方社会众多的人都忌讳“13”。不仅高级的公寓和医院没有 13 号房间，而且这一天的飞机、火车和轮船也少有人问津，给美国运输业每年带来 10 亿美元的损失。有趣的是，连一代枭雄拿破仑，美国石油大王保罗格蒂，英王伊丽莎白，美国前总统胡佛和罗斯福等大人物都惧怕“13”！

36.11　西非人尊贵的数“四十一”

在阿拉苏维人、约鲁巴人的最高级礼仪往来中，所用的祭物、供品都必须是“41”。如 18 世纪初，阿拉苏维族被约鲁巴人战败后，每年都要进贡年轻男女各 41 名，兽皮 41 张，小包裹 41 只，每只包裹中放 41 条树皮缠腰巾等。

36.12 “八十八城”

美国的肯塔基州有一个崇拜“88”的小城，将每年的8月8日定为假日。商店的商品为88或88的倍数，因此这座城的名字也叫“八十八城”，“八十八城”名之由来，是当地邮政局长在给该城的命名日里，发现口袋里有88块铜钱。有趣的是，在1948年美国举行总统大选时，“八十八城”的公民中有88名投了民主党人杜鲁门的票，另有88人投了共和党人杜威的票。

36.13 吉祥神秘的“百零八”

我国古代认为“九”为吉祥之数，9的12倍是108，不言而喻，108就更是吉祥、极高境界。素有钟王之称的永乐大钟，每次撞钟都是108下。杭州西湖著名的“南屏晚钟”每次撞钟也是108下，而撞钟和尚的念珠也是108颗。天津鼓楼大钟每次也是撞108下。

著名天坛古迹，其最下层栏板是108块；而祈年殿，每层石栏也是108块。在青铜峡电站的附近，远远可见一群整齐的白塔，塔群依山势自上而下，按奇数列成12行，总计108座。

佛教认为，人生有108种烦恼，为清除这些烦恼，规定贯珠108颗，念佛108篇，晓钟108声等。

我国近邻日本，除夕之夜也要撞钟108下，日本寺院悬挂的吊钟，其外缘镂有108个突出的疙瘩，据说是为了清除108种烦恼。

37 神奇的幻方

幻方的历史悠久。相传三千多年前的大禹治水时，有神龟出自洛水，龟背上刻有神奇的图案，称为“洛书”，洛书实际是一个三阶幻方，由于洛书是九个数组成的，故称为“九宫”。

我国的少数民族如藏族和纳西族都曾有“九宫图”，有诗赞美九宫：

四海三山八洞仙，九龙五子一枝莲。

二七六郎赏月半，周围十五月团圆。

“九宫算”在汉代以后有很大发展，成为纵横都为 n 行共 n^2 个数的图，又称“纵横图”。公元 15 世纪，住在君士坦丁堡的摩索普拉把我国的纵横图介绍到欧洲，并取名为“幻方”。由于幻方有着变幻莫测的性质，所以“幻方”一词便逐渐为世人所接受。16 世纪德国著名画家丢勒有一幅名为“忧郁”的铜版画，画中有一个四阶幻方，我国也曾出土过一个元代的铁质四阶幻方。

虽然幻方的历史已很长了，但由于幻方中出现的一种变幻莫测的神奇的数字之美，使人流连忘返，甚至有人用毕生的精力去研究幻方，因而，随着时间的流逝，不断有人创造出新奇巧妙的幻方。

37.1 神奇的幻方世界

1. 洛书

图 37-1 由九个数字组成，又称“九宫”。

2	9	4
7	5	3
6	1	8

图 37-1

2. 丢勒在《忧郁》中刻的四阶幻方

如图 37-2 所示，有趣的是，在幻方的最下一行中巧妙地嵌入了创作的年号 1514，表明了创作年号。

3. 古代印度太苏神庙历碑上的幻方

如图 37-3 所示，刻于 11 世纪，这个幻方上的每行、每列和每条对角线上四数和均为 34，奇怪的是如果把幻方边上的行或列挪到对边去，新得的仍是幻方。

16	3	2	13
5	10	11	8
9	6	7	12
4	15	14	1

图 37-2

7	12	1	14
2	13	8	11
16	3	10	5
9	6	15	4

图 37-3

4. 欧拉幻方

图 37-4 的每行或每列数之和为 260，半行或半列之和为 130，更妙的是一个国际象棋中的象可以按照它的步法依正整数顺序从 1 走到 64。

1	48	31	50	33	16	63	18
30	51	46	3	62	19	14	35
47	2	49	32	15	34	17	64
52	29	4	45	20	61	36	13
5	44	25	56	9	40	21	60
28	53	8	41	24	57	12	37
43	6	55	26	39	10	59	22
54	27	42	7	58	23	38	11

图 37-4

5. 双料幻方

如图 37-5 所示。在幻方中，最奥妙最为壮观的莫过于“双料幻方”了。这是一个八阶幻方。它的每行每列和每条对角线上的八个数不仅其和相等（都等于 840）；而且这八个数的乘积也相等（都等于 2058068231856000）。由于这种幻方的数字之和与数字之积都分别相等，故称为“双料幻方”，真可谓是天工造物，不知当初人们是怎样想出来的！

46	81	117	102	15	76	200	203
19	60	232	175	54	69	153	78
216	161	17	52	171	90	58	75
135	114	50	87	184	189	13	68
150	261	45	38	91	136	92	27
119	104	108	23	174	225	57	30
116	25	133	120	51	26	162	207
39	34	138	243	100	29	105	152

图 37-5

6. 一个中国幻方

一个中国幻方已有近 400 年的历史，将其译成阿拉伯数字如图 37-6 所示。

27	29	2	4	13	36
9	11	20	22	31	18
32	25	7	3	21	23
14	16	34	30	12	5
28	6	15	17	26	19
1	24	33	35	8	10

图 37-6

7. 地砖幻方

图 37-7 是欧洲某博览会大厅的地砖的数字，这里任意一个 5×5 的正方形都构成一个五阶幻方。

1	15	24	8	17	1	15	24	8	17	1	15	24	8	17
23	7	16	5	14	23	7	16	5	14	23	7	16	5	14
20	4	13	22	6	20	4	13	22	6	20	4	13	22	6
12	21	10	19	3	12	21	10	19	3	12	21	10	19	3
9	18	2	11	25	9	18	2	11	25	9	18	2	11	25
1	15	24	8	17	1	15	24	8	17	1	15	24	8	17
23	7	16	5	14	23	7	16	5	14	23	7	16	5	14
20	4	13	22	6	20	4	13	22	6	20	4	13	22	6
12	21	10	19	3	12	21	10	19	3	12	21	10	19	3

图 37-7

8. 同心幻方

4	9	8	47	48	49	10
38	15	18	36	37	19	12
39	30	22	29	24	20	11
43	33	27	25	23	17	7
6	16	26	21	28	34	44
5	31	32	14	13	35	45
40	41	42	3	2	1	46

图 37-8

同心幻方也叫嵌套幻方，其特点是从中心向外辐射。例如，图 37-8 是一个七阶幻方。如果剥掉外层就成了一个五阶幻方；再剥掉外层，就成了一个三阶幻方。奇数阶同心幻方正好有一个“中心”。造法很多，其本质都是由最简幻方“洛书”领悟过来的。

9. 间隔幻方

日本幻方研究家片桐善直制作了一个特别奇妙的“间隔幻方”（图 37-9），它不但完全符合八阶幻方的定义，更奥妙的是，如果把其中数字逐个间隔地取出来，重新配置，则可得到以下两个四阶幻方，如图 37-10、图 37-11 所示。不但对角线上，而且在折断了的“泛对角线”上任意四数之和（例如 47＋3＋18＋62＝22＋45＋43＋20）

1	35	24	54	43	9	62	32
6	40	19	49	48	14	57	27
47	13	58	28	5	39	20	50
44	10	61	31	2	36	23	53
22	56	3	33	64	30	41	11
17	75	8	38	59	25	46	16
60	26	45	15	18	52	7	37
63	29	42	12	21	55	4	34

图 37-9

全都等于 130。

1	24	43	62
47	58	5	20
22	3	64	41
60	45	18	7

图 37-10

35	54	9	32
13	28	39	50
56	33	30	11
26	15	52	37

图 37-11

10. 素数幻方

要用素数造出一个幻方已非容易，要用连续素数造出一个幻方就更难。世界数学科普大师马丁·伽德纳就曾悬赏奖给第一个用连续素数造出一个三阶幻方的作者。为时不久，一个叫哈里·纳尔逊的利用加利福尼亚大学的一台克雷超级计算机，通过巧妙的程序设计，一举解决了这个难题，并提供了 22 个解答，其中一个如图 37-12 所示。因为幻方专家早已指出了三阶幻方通式，而这些素数正好可以完全纳入该通式的范畴中去。

1480028201	1480028129	1480028183
1480028153	1480028171	1480028189
1480028159	1480028213	1480028141

图 37-12

11. 六角幻方

1910 年，美国有一个铁路公司职员阿当斯是一名幻方的业余爱好者，他渴望能造出一个阶数为三的六角幻方。历经 47 个春秋，经过无数次的挫折和失败，无情的岁月已将他从一个小伙子变成了一个双鬓斑白的老人，终于找到了六角幻方，如图 37-13 所示。数学游戏专家特里格得知后，企图在阿当斯的基础上，对层数作出突破，但经过反复研究，发现都是徒劳的，即两层以上的六角幻方不存在。如今，已用计算机证明六角幻方也只有阿当斯构造的这一个，难怪阿当斯为此花了 47 年的时光！

12. 六角星形幻方

图 37-14 中幻方的每条直线上四个数之和均为 26，而六个角上的数字之和也是 26，这一幻方虽然简单，但不乏趣味，可使人赏心悦目。

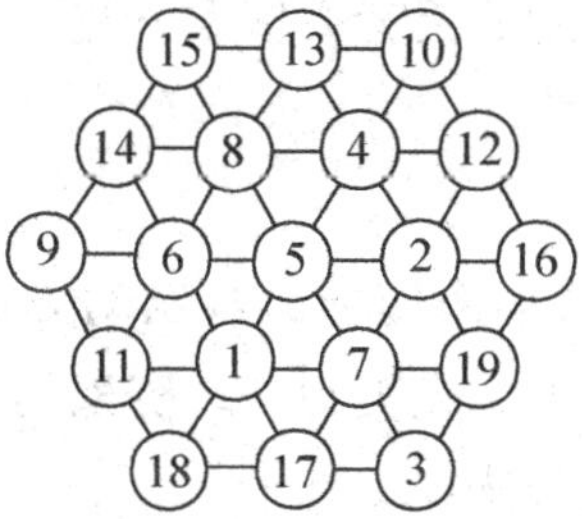

图 37-13

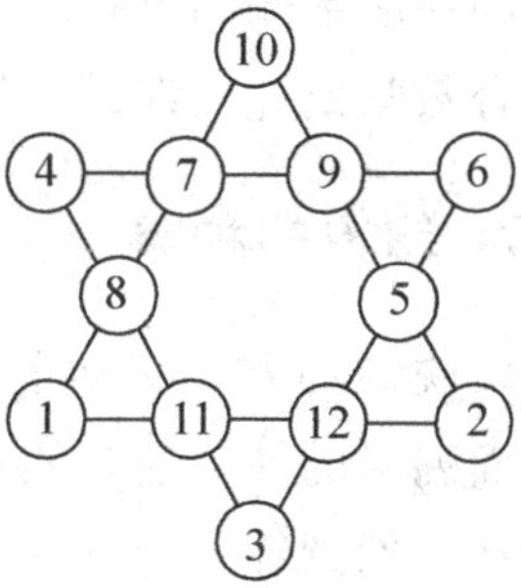

图 37-14

13. 反幻方

就是它的每一行，每一列或对角线上数字之和都不相等。这就是反幻方的问题。马丁·伽德纳终于找到了这种幻方，如图37-15所示。有趣的是，反幻方中的九个数竟然形成按序首尾相连的“一条龙”。

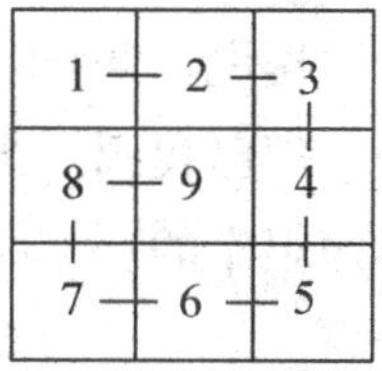

图 37-15

我们列举了以上 13 种幻方已经是让人眼花缭乱，惊异不已了。幻方像是数学里的“百慕大三角”，这绝不是什么数字游戏，而是竭尽智力的结晶。如果将幻方从平面推广到空间，就有所谓的“幻立方”，即将 1 至 n^3 个正整数填入 n^3 个小立方体，使立方体的每个剖面正方形上的每行、每列、每条对角线上各数的和都等于同一个常数，“幻立方”也有人在着手研究，但难度要比平面幻方问题大得多。

37.2 幻方的一些性质

幻方的“幻”，就在于它具有令人迷惑的性质。现列举一些性质如下：

(1) 每行、每列及对角线上数的和为同一个常数，这个常数称为“幻方常数”。幻方常数$=n$ 阶幻方中 n^2 个正整数之和$\div n$，如 n 阶幻方是由正整数 1，2，3，…，n^2构成，则幻方常数$=\frac{1}{2}n(n^2+1)$。

(2) 把一个幻方的每一个数都加上或都乘以同一个常数，所得的仍是一个幻方。

(3) 把与中心等距离的两行或两列交换，所得结果仍是一个幻方。

此外，幻方还有许多有趣的性质，不一一列举了。还有幻方是如何构造的？同一阶数的幻方有多少种？等等。这些问题是一门新兴数学学科——组合数学研究的课题，等待有兴趣的读者去探索研究。

37.3 幻方的种类

前面所说的幻方，实际上是二维的平面幻方。其实幻方的种类很多，除上面列举的外，还有如：对称幻方，完美幻方，魔鬼幻方，马步幻方，幻环，幻圆等。幻方一般有下列分法：

平面幻方（二维），幻立方（三维），多维幻方；

平方幻方，立方幻方，高次幻方，高次多维幻方。

据说，任意阶幻方构造法、任意维幻方构造法、任意次幻方构造法，都已找到。当然，对高阶、高次、多维幻方的实际作法，都是很困难而艰辛的！

38 两个卓越而奇妙的等式

瑞士数学家欧拉，不仅是 18 世纪最多产的数学家，也是数学史上最多产的数学家。他一生为人类作出了卓越的贡献。他的不朽著作是包括 886 种著作和论文的欧拉全集，由瑞士自然科学学会从 1907 年开始出版，预计将出 100 本。

当欧拉只有 28 岁时便瞎了一只眼睛，到 59 岁时，竟双目失明了。他仍以高度的毅力坚忍不拔地从事数学研究，他凭着一种惊人的记忆力，让别人笔录下他的研究成果。

欧拉使人感到惊讶和钦佩的，不仅是他的著作如此之多，而且他的文字通俗易懂，引人入胜，使用的符号也先进新颖，所以大家都喜欢读他的书，很多伟大的数学家都怀着尊敬的心情对欧拉说出赞美的语言。

大数学家拉普拉斯常告诫年轻的数学家："读读欧拉，他是我们每一个人的老师。"被誉为"数学之王"的高斯对欧拉给予很高的评价："欧拉的工作研究将仍旧是对于数学的不同范围的最好的学校，并且没有任何别的可以代替它。"

美国数学史家克莱因说："没有一个人像他那样多产，像他那样巧妙地把握数学；也没有一个人能以采集和利用代数、几何分析的手段去产生那么多令人钦佩的结果。他是顶呱呱的方法发明家，又是一个熟练的巨匠。"

如今，以欧拉命名的定理、定律、方程、公式可说是多得不可胜数，其中两个奇妙的公式是其卓越代表。

38.1 $e^{i\pi}+1=0$

这是欧拉在 1748 年得到的。几乎在所有的复数课本中都提到有复数的三角形式

$$e^{ix}=\cos x+i\sin x$$

当 $x=\pi$ 时，$e^{i\pi}=-1$ 就可以得到 $e^{i\pi}+1=0$。

数学家克莱因认为这是整个数学中最卓越的公式之一。它漂亮简洁地把数学中五个最重要的数——1、0、π、e 以及 i 联系在一起。有人称这五个数为“五朵金花”，这是因为，它们在数学中处处盛开；也有人称这五个数为五虎大将，这是因为这个公式有“呼风唤雨”般的通神本领，欧拉竟能将这五个最常用、最基本、最重要的量聚集在一起！

在法国巴黎的发明宫中，有一个数学史陈列室。其中，古代数学部分与近代数学部分的间墙上，就悬挂着这个公式“$e^{i\pi}=-1$”。由这个公式可看出人类创造的数学、符号、算式是何等巧妙神奇地体现了数学中的奇异之美。现对这五个数作些简要介绍：

正整数“1”：它是整数的单位，是数字的始祖，它在数学中扮演了一个很重要的角色，可以这样说，如果没有数 1，也就没有一切数。

中性数“0”：“0”是正数与负数间的一个分界数，是坐标系的原点，是运动过程的起点。单个的“0”代表“无”，但在各种进制的数字里，只有它参与才能进位，例如 1 到 9 都是一位数字，而 10 便成了两位数字，即个位进到了十位。

圆周率“π”：是在科学中最著名和用得最多的一个数。1767 年，德国数学家兰伯特首先证明了 π 是无理数，1794 年法国数学家勒让德证明了 π^2 是无理数，1882 年德国数学家林德曼给出了 π 是超越数的严格证明。如今现代计算机已能计算 π 的任意多位，较详细的叙述可参阅本书的“第 4 章　圆周率记趣”。

自然对数的底“e”：作为数学符号最先是由欧拉在 1727 年使用的。这正是 Eular 名字的第一个字母，后来人们确定用 e 来作为自然对数的底，以此来纪念欧拉。以 e 为底的对数之所以叫自然对数是因为它能反映自然界规律的函数关系，因此，在自然科学中，e 的作用不亚于 π，在微积分中，以 e 为底时公式具有最简洁的形式。

虚数单位“i”：i 来源于解二次方程 $x^2+1=0$，是 -1 的平方根，$i=\sqrt{-1}$ 这个记号是 1777 年由欧拉首先使用的。魏塞尔、高斯、阿甘等数学家不再死钻一维数轴的牛角尖，发散思维使他们想到用另一根数轴（虚轴）来表示“i”，于是复数获得了一块坚实的大地——复平面，现已成为一门庞大的数学分支——复变函数论的基石。

直至今天，虚数仍然在磨砺人们的抽象思维能力。它的许多迷人的性质是难于用对实数的理解去解释的，比如 i^i（i 的 i 次方）这个数是虚数还是实数？凭直观是难以得出结论的。又是欧拉第一个证明了 i^i 是实数，它的值 $i^i=e^{-\frac{\pi}{2}}=0.2078795763\cdots$是一个无理数，并由此可知 $i^{-i}=e^{\frac{\pi}{2}}$，$\sqrt[i]{i}=i^{\frac{1}{i}}=i^{-i}=e^{\frac{\pi}{2}}=4.8104773809\cdots$即 i^{-i}与 $\sqrt[i]{i}$也都是实数。而欧拉公式 $e^{i\pi}=-1$ 正是通向这些奇特境地的一座桥梁。

38.2　$V+F-E=2$

这是一个关于多面体的公式，其中 V 是多面体的顶点数，F 是多面体的面数，E 是多面体的棱数。

这是一个迷人的公式，因为多面体（由几个平面所包围的立体图形）太多了，要多少有多少！而欧拉却能由众多的多面体（指凸多面体）中对它们的顶点、面和棱得出如此简洁的关系式，怎不让人叹服！那么这个公式是怎样发现的呢？——是观察、归纳、猜想，最后检验、证明而得出的。

（1）面的数目 F 是否随同顶点数目 V 的增大而增大？答案是否定的，如图 38-1、图 38-2 和表 38-1 所示。

（2）棱数 E 是否随面数 F 或顶点数 V 增大而增大？如图 38-2～图 38-5 和表 38-2、表 38-3 所示。

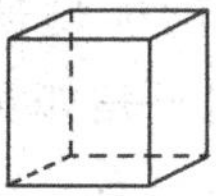

图 38-1

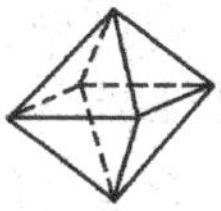

图 38-2

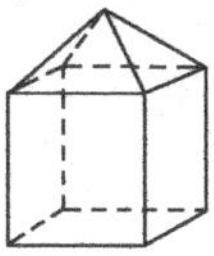

图 38-3

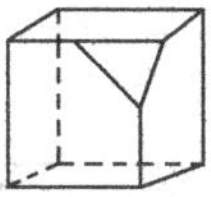

图 38-4

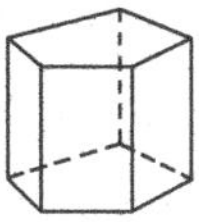

图 38-5

表 38-1

	八面体	正方体	增减
V	6	8	增大
F	8	6	减小

表 38-2

	塔顶体	截角立方体	增减
V	9	10	增大
E	16	15	减小

表 38-3

	五棱柱	八面体	增减
F	7	8	增大
E	15	12	减小

(3) 随着棱数 E 增大，顶点数 V 和面数 F 是否联合增大？经检验答案是否定的。并且发现了更准确的规律，就是全满足如下的关系式 $V+F-E=2$。

(4) 提出猜想："对于任何一种多面体，顶点数 V 加面数 F 都等于它的棱数加 2。"

(5) 通过构图，发现答案是否定的，如图 38-6 所示。

(6) 修正："对于任何凸多面体的顶点数 V，面数 F 和棱数 E 都满足如下的关系式 $V+F-E=2$"。

当然，确定了 (6) 的猜想后还应予以逻辑证明（如数学归纳法），因篇幅关系这里从略。著名的数学教育家波利亚说得好："欧拉在以下这几点几乎是独特的。他总是下功夫把有关的归纳证据细心地、详尽地、有条有理地写出来，他讲得令人心悦诚服，但只是如实反映他的思想；他的讲解能表述那些使他引向发现的思想，而又有一种特别感人的魅力"。

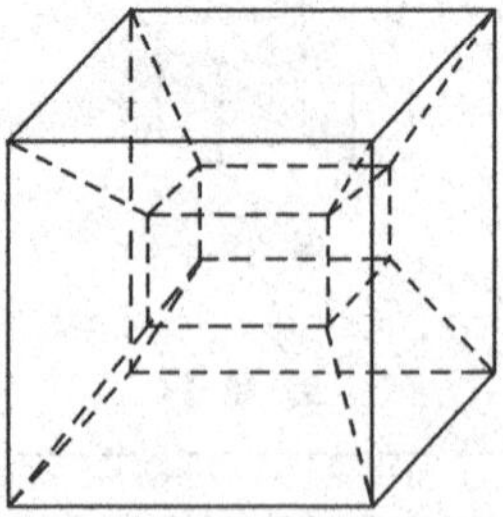

图 38-6

39 单位圆的魅力

古希腊毕达哥拉斯学派认为：“一切立体图形中最美的是球形，一切平面图形中最美的是圆形。”17 世纪数学家布龙克尔说过：“圆是第一个最简单、最完美的图形。”现代学者钱钟书云：“窃尝谓形之浑简完备，无过于圆。”而黑格尔更有“以哲学比圆”之说，可见历代和现代学者对圆的赞赏和重视！

从动的眼光看，圆，大至宇宙，小至粒子，都有它的轨迹。圆可看成车轮之恒转，无始无终，无穷无尽；圆也可看成从某一起点出发的动点，与一定点保持一定距离运动一周之后，又回到原来起点的轨迹，形成起点与终点的重合，即有始有终。因此，圆集有限与无限于一身，形成辩证的统一。

从静的眼光看，圆具有各个方向的中心对称，其形状增之显多，缺之显少，都将失之完备，无论处于哪个位置，都具有同一的形状，给人以一种匀称、稳定、和谐的感觉。因此，圆又融动、静于一体。

单位圆是以原点为圆心，以 1 个单位长为半径的圆。既具有圆的各种通性，又具有自身的特殊性，好像是位于平面“中心”的一个“平面单位元素”，更是一个最基本、最简单的图形。

单位圆的特殊性将显示其特殊的功能。如原子的核子，蕴藏着巨大的能量；如物质的细胞，孕育着无穷的活力。

利用单位圆中的有向线段定义的三角函数（称三角函数线），具有鲜明的直观性；利用三角函数线平移作出的三角函数图像，恰如同展开一幅折叠的神奇画卷。那正弦、余弦曲线如同滚动的万顷波涛；那正切、余切曲线犹如奏出的优美乐章，真是妙不可言！而单位圆的内接正十边形的边长，又恰为黄金数$\frac{\sqrt{5}-1}{2}\approx 0.618$，其中蕴藏着无穷的奥妙！

且看单位圆的方程 $x^2+y^2=1$，又看同角三角函数的关系式 $\cos^2\theta+\sin^2\theta=1$，再看斜边 $c=1$ 的直角三角形的三边关系式 $a^2+b^2=1$，还有模为 1 的复数 $z=a'+b'i$，有关系式 $a'^2+b'^2=1$。它们的结构是如此的相似和雷同，不是说明了点（x，y）、（$\cos\theta$，$\sin\theta$）、（a，b）、（a'，b'）都是单位圆上的点吗？不正说明了单位圆沟通了解几、三角、平几、代数间的联系吗？这之间的微妙关系，不正体现出数学结构和内容的和谐、统一、协调之美吗？因此，单位圆蕴藏着无穷的奥妙，显示出无穷的魅力。而奥妙与魅力的背后，必将蕴藏着广泛的功能。单位圆又是一块宝地，其功能（包括对数学本身的实用功能和对学生进行美育和辩证唯物主义教育功能）与宝藏，有待我们去继续发掘、开采。

40 回文数与回文诗

数学与文学有着相似之处，如数学中有回文数，诗中有回文诗便是例子。

在正整数中，有一种数无论从左往右，还是从右往左读，都是一个数，称这样的数为“回文数”，如 88，454，7337，43534 等都是回文数；有一种诗，顺念倒念都有意思，称这样的诗为“回文诗”。如，

云边月影沙边雁，水外天光山外树。

倒过来读，便是

树外山光天外水，雁边沙影月边云。

其意境和韵味读来真是一种享受！

40.1 回文数撷趣

1. 回文数的个数

两位数中只有 9 个回文数，它们是 11，22，33，44，55，66，77，88，99；三位数中的回文数，由前两位数确定，共有 $9\times10=90$ 个，它们是 111，121，131，…，212，222，…，989，999；类似地，四位数的回文数共有 $9\times10=90$ 个。一般地，n 位的回文数的个数：

当 n 为偶数（$n=2k$）时，有回文数 $9\times10^{k-1}$ 个；

当 n 为奇数（$n=2k+1$）时，有回文数 9×10^{k} 个。

2. 回文数猜想

任取一个正整数，与它的倒序数相加，若其和不是回文数，再与其倒序数相加，重复这一步骤，一直到获得回文数为止。例如

$$68\rightarrow\begin{array}{r}68\\+86\\\hline154\end{array}\rightarrow\begin{array}{r}154\\+451\\\hline605\end{array}\rightarrow\begin{array}{r}605\\+506\\\hline1111\end{array}$$

于是有数学家提出一个猜想：

不论开始采用什么整数，在经过有限次倒序相加步骤后，都会得到一个回文数。至今还不知道这个猜想是对还是错的。

既是素数又是回文数的数：比如 11，101，757 等等，除了 11 以外，其余回文素数的位数都是奇数。虽然，数学家们相信回文素数有无穷多个，但这也是尚无法证明的猜想。人们借助电子计算机发现，在完全平方数、完全立方数和完全四次方数中的回文数，其比例要比一般自然数中回文数所占的比例大得多，如$121=11^2$，$14\ 641=121^2$，$40\ 804=202^2$，$343=7^3$，$1331=11^3$，$1\ 030\ 301=101^3$ 等都是回文数。但是人们迄今未能发现五次方以及更高次幂的回文数。

充满猜想的回文数像是一座迷宫，它在等待后来的有志者去揭示其间的奥秘。

3. 回文数的加减

将两个位数相同的回文数相加减，其结果有可能仍是一个回文数。

例如，$56\ 365+12\ 621=68\ 986$，$5775-2222=3553$。

4. 1 的"金字塔"

$$1^2=1$$
$$11^2=121$$
$$111^2=12321$$
$$1111^2=1234321$$
$$11111^2=123454321$$
$$\cdots\cdots$$

可以看出，等式的右边都是回文数。

5. 人生难遇对称年

从 11 世纪到 20 世纪的 1000 年中，对称的年份只有 10 个，即 1001，1111，1221，1331，1441，1551，1661，1771，1881，1991，也就是说一个世纪只有一个对称年。两个对称年间隔 110 年，所以，一个人活到 110 岁，也只能遇到一个对称年。如果活到两个对称年之间，即使活到一百岁，也遇不到一个对称年。但如果生年巧，虽然年龄小，也可以遇到对称年。

只有 20 世纪与 21 世纪的对称年相隔最近，只有 11 年。即 1991 年出生的孩子，只需经过 11 年，又可赶上一个对称年 2002 年，这样一生便可能赶上两个对称年了。从 30 世纪到 31 世纪也是如此。

40.2 回文诗

回文是根据汉字语言特点创造的修辞方法，切莫把这样的作品看作“文字游戏”。因为要构造出一首回文诗，选词和巧妙的安排是需要很费心思的。

下面列举几种不同形式的类似“回文”的诗、词、联：

1. 苏轼的回文诗

苏东坡写过一首《题金山寺》的回文诗

潮随暗浪雪山倾，远浦渔舟钓月明。
桥对寺门松径小，巷当泉眼石波清。
迢迢远树江天晓，蔼蔼红霞晚日晴。
遥望四山云接水，碧峰千点数鸥轻。

让我们把这首七律由后往前读下去，就成了：

轻鸥数点千峰碧，水接云山四望遥。
晴日晚霞红蔼蔼，晓天江树远迢迢。
清波石眼泉当巷，小径松门寺对桥。
明月钓舟渔浦远，倾山雪浪暗随潮。

这不是一首与原诗意境相同的优美的七律吗?

2. 茶碗回文

从前，茶馆里用一种写有五个字的茶碗，如图 40-1 所示，这五个字在圆形茶碗上均匀分布一周，不论以哪个字领头顺时针诵读，都是一句令人愉快的话：

①可以清心也
②也可以清心
③心也可以清
④清心也可以
⑤以清心也可

图 40-1

哪一句都是赞美这店的茶好劝人喝茶的，这无异于给茶馆反复作招揽顾客的广告。

3. 回文对联

北京有一家“天然居”的名餐馆，顾客进店，便可看见一副对联：

客上天然居，居然天上客。

顾客一见到自己居然成了天上的客人，虽然还未进餐，就产生了一种好感。这副对联不但意境好，而且是一首回文联，即将上联倒过来念，便成了下联。这种回文联又称“卷帘联”，就像现在百叶窗帘一样，既能从上往下顺放，又能从下往上倒卷。

据说清代的乾隆皇帝把这副回文联两句并成一句，作为新的上联，看谁能对出下联？乾隆手下有一名大臣名叫纪昀（音同“匀”），居然对出了下联：

人过大佛寺，寺佛大过人。

可不是吗？人们来过大佛寺，寺庙里的佛像自然是大过人的。这种巧妙的对仗，不正体现出一种对称、和谐的美吗？

4. 回文词

比起回文诗、回文联，回文词的难度要更大一些。清代丁澎曾写过一首《菩萨蛮》的回文词：

下帘低唤郎知也，也知郎唤低帘下。来到莫疑猜，猜疑莫到来。

道侬随处好，好处随侬道。书寄待何如，如何待寄书。

全词共八行，偶数行都是上一行倒着念而成。每行都是奇数个字（5 或 7 个），因而，相邻的奇数行与偶数行的中间一个字都是相同的。可见作者费心费神，用词用句之巧。

5. 顶针诗

有一种修辞方法叫“顶针”，即用前一句末尾的字（或词），作为下一句的起头。这样，同样的字（词），可以造成上下句蝉联递接的趣味。唐代大诗人李白的《白云歌送刘十六归山》，是一首以“词”顶针的诗：

楚山秦山皆白云，白云处处长随君。

长随君，君入楚山里，云亦随君渡湘水。

湘水上，女萝衣，白云堪卧君早归。

从以上列举的一些回文数与回文诗中，可见其各种情趣。然而，这种情趣又似有相通之处，是一种对称的美使人心里产生的一种愉悦。

下面给出一道用回文联编成的形成回文数的趣题，可看出其中相通的情趣。列出供大家欣赏：

$$\begin{array}{r} \text{人过大佛寺} \\ \times 4 \\ \hline \text{寺佛大过人} \end{array}$$

在上面的乘法算式中，每个汉字代表一个数字，不同的汉字代表不同的数字，请您把这道算式还原出来。

这道题只有唯一的一个答案，即 21 978×4＝87 912。这个答案是猜想出来的？凑出来的？还是算出来的？请读者去想一想吧！

41 数学文化的渗透

如果把人类文化大致分为人文文化和科学文化两类，我们就会发现数学文化的独特之处。数学似可归入科学文化之列，但作为一种工具，数学几乎已渗入所有的自然科学，同时也打进了众多的人文科学；而作为一种对世界的抽象，数学似乎又凌驾于一切人类文化之上。数学有着自己独一无二的世界通用的语言系统，是一种独立文化的重要特征。数学文化已经足以与人类文化的其他方面区别开来，从而形成富有特色的一种人类文化。数学文化经历了25个多世纪的有文献记载的发展，已具备了一种自足的、能自我调节的、有着丰富内涵的文化。在人类的文明中，还没有哪一门学科像数学那样，从形成文字符号开始就被准确无误地记录和保存下来。数学，作为一种艺术、方法、思想体系，已经无可争辩地具备了独立的文化特征。然而，它的文化魅力却渗透到各个知识领域。

41.1 名言中的数学比喻

不少名家学者喜欢用数学语言作比来喻事论理：

成功的秘诀：大科学家爱因斯坦以“$A=X+Y+Z$”的数学公式来揭示成功的秘诀。他说：“A代表成功，X代表艰苦的劳动，Y代表正确的方法，Z代表少说空话。”

天才公式：大发明家爱迪生说：“天才$=1\%$的灵感$+99\%$的汗水。”

人生分数：大文豪托尔斯泰说：“一个人好比分数，他的实际才能好比分子，而他对自己的估计好比分母，分母越大，则分数的值就越小。”

大圆与小圆：古希腊哲学家芝诺对学生说：“如果用小圆代表你们所掌握的知识，用大圆代表我所掌握的知识。那么，大圆的面积是多一点，也就是说，我的知识比你们多一些。但两圆之外的空白，都是我们的无知面，圆越大，其圆周接触的无知面就越多。”

41.2　人生坐标系

在人生的坐标系中，时间是横轴，价值是纵轴。若把人的一生逐点描在上面，我们就会发现，一些“点”处于高峰，光辉闪烁；一些“点”置于低谷，平淡无奇。如果闪烁的点密密麻麻，连成极有价值的“实线”，人们就会感到自慰：我没有虚度一生；如果暗淡的点比比皆是，构成无所作为的“虚线”，他们就难免惆怅叹息；如果横轴的下面还存在“负点”，那将是羞耻和悔恨。

41.3　数学语言

文学作品的形象描述，以不惜文字的精工编织为代价，换来了文学语言的艺术美；而数学语言对客观世界本质的抽象反映，则以简要、精练著称。数学语言不允许感情随意褒贬夸张。“增之一分则太长，减之一分则太短，着粉则太白，施朱则太赤。”可以借用来作为对数学语言简练特点的文学形容。

数学语言是按下列不同的方法改进自然语言的结果的：①按简化自然语言的方向；②按克服自然语言中含糊不清的毛病的方向；③按扩充它的表达范围的方向。在数学语言中，一个符号（数字、字母、运算符号或关系符号）表示的语言，可以大大缩短自然语言表达的“长度”，使它从冗长的自然语言中解放出来。

41.4　语言与数学联想

语言表达中有时为了加强语气，连用两次否定（否定之否定），结果等于一次肯定，就好像数学中的“负负得正”。如：未尝不可＝可；无孔不入＝有孔皆入；不无可疑之处＝颇有可疑之处；没有一个不相信＝个个都相信；等等。

但如果不理解这种“否定之否定”的数学逻辑含义，就会出现语言中的病句。如本义是说“解放之前”，却说成“未解放之前”；本义说“出乎意料”，却说成“出乎意料之外”。但假如连用三次否定，结果还是等于一次否定，如同数学中的先“负负得正”，再“正负得负”一样，结果仍是“负”。如“科学发展到了今天，没有人不说地球不是围绕太阳运转”。这句话实际是说“每个人都说地球不是围绕太阳运转”，意思正好说反了，成了病句。

41.5 动物的数学本能

许多动物“精通”数学，如蜜蜂蜂房是严格的六角柱状体，它的一端是平整的六角形开口，另一端则是封闭的六角棱锥形的底，由三个相同的菱形组成。组成底盘的菱形所有的钝角为 $109°28'$，所有的锐角为 $70°32'$，每个蜂房的容积几乎都是 0.25 立方厘米，这样的结构用材料最省而容积最大。

壁虎在捕捉昆虫时，总是沿着一条数学上的螺旋曲线奔跑的。

蜘蛛编织的“八卦”网，图案美丽、复杂，人们用圆规、直尺也难以画出。

丹顶鹤成群结队飞行，而且排成“人”字形，“人”字形的角度永远是 110°。

珊瑚虫每年在体壁上“刻画”出 365 条环纹，显然是一天“画”一条的。

41.6 艺术家、科学家和数学家创造素质的一致性

日本数学家米山国藏认为，不论是艺术家、科学家还是数学家，如果把他们的根本素质看成是建立在一致的感情和直觉基础上的东西，那么，他们的创造素质是一致的。感受到自然界和人类的美，并用美丽的语言去讴歌她，这就是诗歌；用美丽的色彩和形态去表达她，这就是绘画和雕刻；而感受到存在于数和图形间的美，并以理智地引导、证明去表现她，这就是数学。只是由于时间和环境的因素，造成了他们在不同的方向上取得成就。这样，我们就不难理解数学家头脑中所产生出来的“奇物不凡”的数学成果，本身就是散发着浓郁芳香的艺术品。

美国著名数学家克莱因说：“音乐能激发或抚慰情怀，绘画能使人赏心悦目，诗歌能动人心弦，哲学能使人获得智慧，科技可以改善物质生活，而数学却能提供以上的一切。”

42 数学符号——别具一格的世界语言

42.1 数学符号的功能

在世界上能不分国家和种族都适用的文字，只有惟一的数学符号。当您用数学符号写出一个运算或推理过程的时候，如

$$\begin{aligned} a^4+4 &= a^4+4a^2+4-4a^4 = (a^2+2)^2-(2a)^2 \\ &= (a^2+2+2a)(a^2+2-2a) \\ &= (a^2+2a+2)(a^2-2a+2) \end{aligned}$$

任何国家只要念过初中的人都会明白无误地懂得它所表达的意思。

数学能以现在的这种表示简明、结构优美的形式出现，首先得要感谢数学记号和符号体系的出现，它对数学的发展和推动作用是巨大的。德国数学家莱布尼茨说过:“符号的巧妙和符号的艺术，是人们绝妙的助手，因为它们使思考工作得到节约。在这里它以惊人的形式节省了思维。”俄国数学家罗巴切夫斯基说：“数学符号的语言更加完善、准确明了地提供了把一些概念传达给别人的方法。利用了符号，数学上的每一个论断和它所描述的东西就可以更快地被别人所了解。”

数学符号的重要性日益被人们所认识，而了解数学符号的创造历史，就显得很有意义了。

42.2 数学符号的使用

早在公元前6世纪，古代印度所首创的1，2，3，…，9以及以后的0的数字记号，为数字的书写和运算带来了极大的方便。而现在我们十分熟悉的“＋”“－”“×”“÷”“＝”等一系列符号，则是在数学家经过了一千年的探索后才逐渐出现的，下面谈谈数学符号使用的历史。

加法符号“+”：1489年，德国数学家魏德曼开始在他所著的数学书中首先使用。但直到16世纪之后，经过德国数学家韦达的提倡和宣传，加号才开始普及。

减法符号“－”：仍是德国数学家魏德曼1489年在他的著作中首先使用，但直到1630年，“－”号才获得大家的公认。

乘法符号“×”：英国数学家奥特雷德于1631年在他的著作中提出用“×”表示乘法。但莱布尼茨赞成用“·”表示相乘。“×”与“·”相持不下，一直到今天，这两种运算符号都继续使用着。

除法符号“÷”：英国数学家奥屈特1631年曾经用“：”表示“除”或“比”，1684年莱布尼茨也曾提出用“：”表示“除”。当时也有人主张用除线“—”表示相除$\left(\text{如}\frac{a}{b}\right)$。1659年瑞士的雷恩把两种除号合二为一，得到了我们所熟悉的除法符号“÷”。

等于号“＝”：1540年英国数学家雷科德开始使用“＝”作为等号，他认为“最相像的两件东西莫过于两条平行线”。但直到17世纪以后，“＝”才真正被大家普遍使用。

小括号“（）”、中括号“[ ]”、大括号“{ }”：小括号“（）”或称圆括号是1544年出现的；中括号“[ ]”或称方括号，大括号“{ }”或称花括号都是1593年由数学家韦达引入的。

大于号“＞”和小于号“＜”：1631年由美国代数学家哈里奥特首创。

近似号“≈”和全等号“≌”：17世纪由莱布尼茨开始使用。

根号“$\sqrt{\quad}$”：由法国数学家笛卡儿在17世纪初开始使用。

指数符号“a^n”：用指数来表示数或式的乘幂，经过了复杂的演变过程。从14世纪时法国的奥利森、1484年法国的舒开、1637年笛卡儿直到1801年由法国著名数学家高斯用x^2代替xx，而较高的幂指数x^3，x^4等是笛卡儿开始引用的，但没有用x^n，直到著名数学家牛顿指出不论什么指数都用a^n来表示。

对数符号“log、ln”：对数符号“log”是“Logarithm（对数）”的缩写，进一步缩写“lg”表示以10为底的对数即常用对数。如果以无理数e为底（e=2.71828…），则称为自然对数，常用符号“ln”来表示。对数符号由德国数学家开普勒于 1624 年首创。

从 16 世纪起，经过了 300 年的实践和筛选，才使数学有了一个简洁明了的符号体系，把数学家从冗繁的文字叙述中解脱出来。这种数学的“文字”到 19 世纪已通行于全世界，不但推动了数学本身的发展，而且对其他学科的发展有着巨大的作用。

42.3 数学符号的分类和特点

1. 数学符号通常可分为四种

象形符号：用符号形状特征来反映数学概念的符号，如平面图形符号：∠（角）、⌒（弧）、△（三角形）、▱（平行四边形）等是原图形的压缩象形；

关系符号：“＝”“≠”“≡”“≌”“≈”“＞”“≤”“∈”“⊃”等是原型的改造符号；

缩写符号：是由数学概念的外文词汇的前一个或数个字母构成的缩写。如 f 表示函数（function），R 表示实数集（the set of real number)，lim 表示极限（limit)，其他如 log 表示对数，max 表示最大值，min 表示最小值，∑表示和等。

约定符号：如 x，y，z 表示未知数，用 a，b，c 表示三角形的三边，用大写字母表示点，用小写字母表示线段或直线，用小写希腊字母 α、β、γ 表示平面，用“＋、－、×、÷”表示四则运算等，都是人为的约定。

2. 数学符号的特点

高度的概括性：自然语言本身就是一种概括，而数学语言又是对自然语言的进一步概括。如“0，1，2，3，…”用自然语言表示就是“一切自然数”，而用数学语言表示就是“N”。这样大大缩短了句子的长度，相应地增加了思维的进度，这就显出了数学的“简洁美”和“思维美”。

精确性：数学中每一个符号或由符号组成的式子只包含一个意思。如“＋”“π”“lg”“ $10℃\leqslant t\leqslant 20℃$”等等都表示特定的含义，不能随便乱用。

形式化：数学符号把数学概念进行抽象，形成一种固定的程式。如函数用“$y=f(x)$”表示，一元二次方程用“$ax^2+bx+c=0$，($a\neq 0$)”表示，圆方程用“$(x-a)^2+(y-b)^2=R^2$”表示等。

42.4 最奇特的数字系统

在所有的数字系统中，最奇特的一种是公元初中美洲玛雅人使用的数字。它与其他计数方式都不相同，它采用的二十进位制，但只有三个符号，即点“·”、划“—”和卵形“”就可以写出任何的数了。

用点、划可表示出 1～19 的自然数：

·(1)，··(2)，···(3)，····(4)，—(5)，$\dot{-}$(6)，

$\overset{\cdot\cdot}{-}$(7)，$\overset{\cdots}{-}$(8)，$\overset{\cdots\cdot}{-}$(9)，=(10)，≐(11)，……

≡(15)，$\dot{\equiv}$(16)，……，$\overset{\cdots\cdot}{\equiv}$(19)

在任何数的下方加一个卵形，就把这个数扩大到 20 倍，如

·(1)，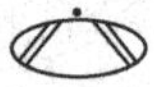(20)，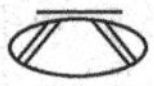(100)

但他们在计算时，作了新规定：在一个数的下方加上第二个卵形后，原数不是乘以 20，而是乘以 18，例如

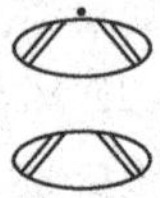＝1×20×18＝360

我们只需联想一下，一年正好是 360 天，就会理解他们为什么会做这样奇特的规定了。

42.5 “修养”中的符号和用符号表达的世界观

1.“修养”中的符号

名利面前不用“＋”；困难面前不用“－”；

朋友之间不用“÷”；谈恋爱不用“△”；

守纪律不用“≈”；功劳和报酬之间不用“＝”。

2. 用符号表达的世界观

“＋”号用在学习上；“－”号用在休息上；

“×”号用在工作上；“÷”号用在专业上；

“，”号用在委屈上；“！”号用在时间上；

“？”号用在成绩上；“＝”号用在群众上；

“()”号用在创作上；“……”号用在事业上；

“→”号用在未来上。

数学符号的产生和使用，给数学谱写了无数美妙的乐章，给人类带来了巨大的财富。某著名科学家曾说：“大自然是以数的语言在讲话。”这些数学符号就是数学语言的词汇，它是数学家长期创作的数学语言中的精华，它比世界上任何一种语言更精练、更准确。数学家们关于数学符号的创造性劳动闪烁着人类的智慧和劳动结晶的光芒，也是对人类语言学的丰富和发展。

43 埃舍尔的数学艺术

1898年出生在荷兰的埃舍尔，自称是一个“图形艺术家”，他专门从事木版画和平版画。他的家庭为他设想希望他将来能从事他父亲的建筑事业，但由于他对绘画和设计的偏爱，最终还是选择了从事图形艺术的职业。

1956年，他举办了他生平第一次重要的画展，这个画展得到了《时代》杂志的好评，使他获得了世界范围的名望。在对他热情的赞美者中不乏有许多的数学家，他们认为在他的作品中数学的原则和思想得到了非同寻常的形象化。由于这位荷兰艺术家没有受过中学以外的正式的数学训练，因而尤其令人赞叹。随着他的创作的发展，他从自己读到的数学思想中获得了巨大的灵感，他经常直接运用平面几何和射影几何的结构，这使得他的作品中深刻地反映了非欧几何学的精髓。他也被悖论和“不可能”的图形结构所迷住，创造了许多引人入胜的艺术成果，下面我们将看到这一点。

43.1 镶嵌图形

规则的平面分割叫作“镶嵌”，镶嵌图形是完全没有重叠并且没有空隙的封闭图形的排列。一般说来，构成一个镶嵌的封闭图形的基本单元是多边形或类似的常规形状（参考本书第30章　迷人的平面镶嵌）。然而，更使埃舍尔着迷的是那些不规则的、形状特别的平面镶嵌。他用几何学中的反射、变换和旋转来获得更多的变化图案，他也精心地使这些基本图案扭曲变形为动物、鸟和其他的形状。这样的效果既是惊人的，又是美丽的。神奇的是，埃舍尔的镶嵌图形都能铺满整个平面。下面选录了埃舍尔的“骑士平面镶嵌”和“黑白鸟的镶嵌”两幅平面镶嵌图（图43-1、图43-2）供读者欣赏。

其中，“骑士平面镶嵌”曾被诺贝尔奖获得者杨振宁作为他的名著《基本粒子小史》的封面，显示了物理大师的艺术底蕴。图 43-1 呈现了某种怪异的对称现象（把白骑士看作图形，黑色骑士就成了“衬底”。把衬底揭起来，翻转 180°，就能够同原图形重叠），而杨振宁、李政道所发现的，就是物理世界某种“对称”的破坏和缺损——在弱相互作用下的“宇称不守恒”。

而在黑白鸟的平面镶嵌里，我们看到的是向西北方向飞去的黑色的鸟和向西飞去的白色的鸟。

图 43-1

43.2 多面体

规则的几何体，例如多面体，对埃舍尔而言具有特殊的魅力。他把它们作为许多作品的主题，并在许多作品中作为第二重要元素出现。仅仅只有五种多面体被称为理想多面体（即有 4 个三角形表面的正四面体、有6个正方形表面的正方体、有8个三角形表面的正八面体、有12个五边形表面的正十二面体、有20个三角形表面的正二十面体），埃舍尔在他的木版画“四个常规的几何体”中，把理想多面体中的4个匀称地交叉了，并使它们呈半透明状，以使每一个多面体可透过其他多面体而得以辨认。

交叉的几何体常出现在埃舍尔的作品中，其中最有趣的是一幅木版画“星”（图43-3）。这是一个由八面体、四面体、立方体和其他东西交叉构成的几何体。埃舍尔给了我们一种奇异的视觉刺激，使我们对他的画刮目相看。显然，数学家们对埃舍尔的作品颇为赞赏的另外原因是，所有伟大的数学发现背后都具有与此相同的感性和创意。

图43-2

图43-3

43.3　空间的形状

在埃舍尔用数学观点完成的所有重要的作品中，最重要的是处理空间性质的作品。他的木版画“三个方向交叉的平面”是评论这些作品的好例子（图43-4），因为它显示了艺术家对空间维度的关心，以及用二维的方式来表现三维空间的能力，埃舍尔经常利用这一特征来获得令人震惊的视觉效果。

不平凡的是木版画“蛇”（图43-5）所表现的空间，在缠绕和缩小的环的表现下，空间既向边界也向中心延伸并且无穷无尽。如果人在这一空间里，将会是什么模样？

埃舍尔对拓扑学的“视觉效果”也很感兴趣，这是在他艺术创作的鼎盛时期发展起来的创作内容。拓扑学关注的是空间那些扭曲后依然不变的性质，这种扭曲可以是拉长或弯曲，但不是撕裂或折断。拓扑学家忙

图 43-4

图 43-5

于向世界展示那些奇怪的物体，莫比乌斯带是最主要的例子，它有一个令人感兴趣的性质，即只有一个边和一个面（参考本书第 27 章 莫比乌斯带与克莱茵瓶）。如果我们跟踪埃舍尔的“莫比乌斯带上的蚂蚁”的路径（图 43-6），您将发现它们不是在相反的面上走，而是都走在同一个面上。

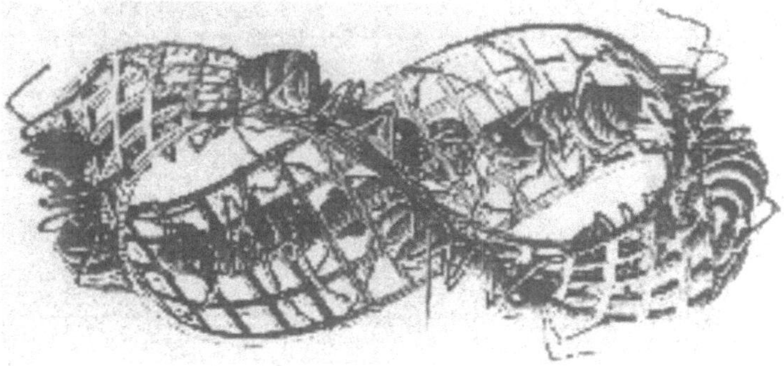

图 43-6

43.4 自我复制

埃舍尔的艺术与信息科学、人工智能的关系，被美国科学家道格拉斯·R·霍夫斯塔特所重视，被写在他赢得 1980 年普利策奖的《哥德尔，埃舍尔，巴赫——一条永恒的金带》一书中。

埃舍尔表现的一个核心概念是自我复制，许多人认为这个已经逼近了大脑知觉这个难题的核心，并且至今计算机还不具备成功地模仿人类大脑处理信息的能力。平版画“互绘的双手”（图 43-7）和木版画“鱼和规模”（图 43-8）用不同的方法表现了这一思想。前者的自我复制是直接的、概念化的，双手互绘对方，互绘的方式就是意识思考和构建自己的方式。神奇的是，在这里自我和自我复制是连接在一起的，也是相互同等的。

而在“鱼和规模”这幅画中，自我复制具有更大的功能，也许可称之为自我相似。这样木版画所描述的就不仅仅是鱼，而是所有的有机体。尽管从物理学角度来说，我们不是由微小的自我复制建造起来的，但是，从信息论角度来说，我们的确是以这样一种方式建立起来的，因为我们身体上的每一个细胞都以 DNA 的形式携带了我们个体的完整信息。从更深层次的水平上讲，自我复制是一种我们的认知世界互相反映和互相交错的结果。

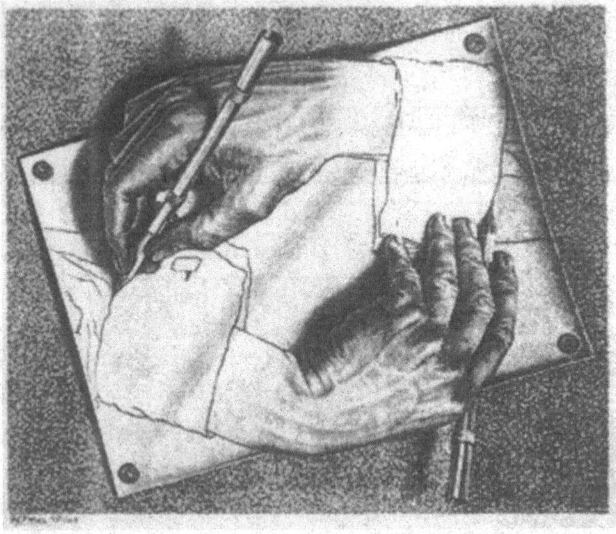

图 43-7

图 43-8

以上只是分析了埃舍尔几百幅艺术作品中的几幅，埃舍尔作品的深度和重要意义为我们留下了丰富的遗产。让我们永远在思考他从幻想世界、数学世界和我们现实世界中抽象出来的这些世界之间的丰富联系。

44 奇妙的曲线

曲线，以其活泼变化的外形惹人喜爱，耐人寻味。而螺线（被誉为生命之线）具有曲率半径由小到大的有趣渐变，反复盘绕是最有韵律的形式之一。在欧洲巴洛克建筑风格时期，备受青睐，事实上，它的装饰风格的巨大活力也为那些艺术增添了光彩。

44.1 黄金矩形序列螺形线

图 44-1 是黄金矩形依次舍去所作的正方形，得到不断缩小的黄金矩形序列。图 44-1 是分别以各正方形靠“里”的一个顶点为圆心，以正方形的边长为半径，所作 1/4 圆弧所连成的曲线，可知是一条螺形线。

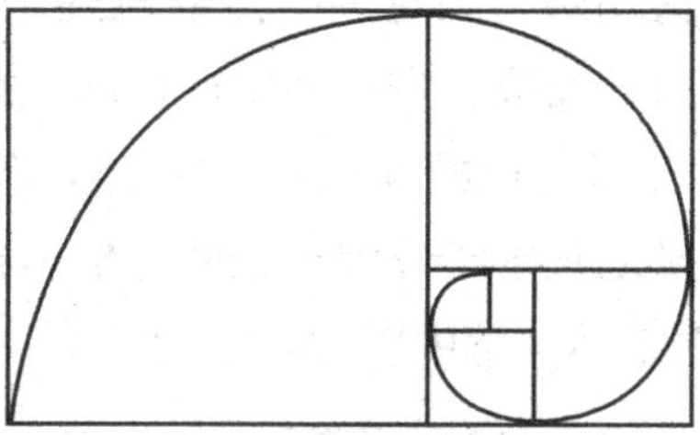

图 44-1

44.2 对数螺线

常记为 $\rho=ae^{\theta}$。ρ 表示螺线上的点到心的距离。

当 $\theta\to+\infty$时，无限扩展；当 $\theta\to-\infty$时，无限缩小。全都永无终止（图44-2）。

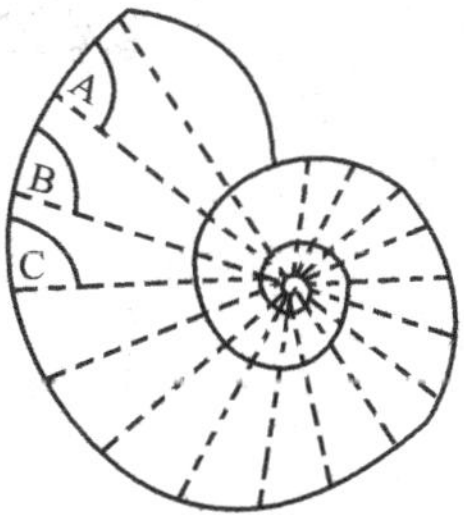

图 44-2

44.3 圆的渐伸线

如图 44-3 所示，将绕在圆上的绳线定住一点（图中铅笔所在点），再将绳拉紧伸开，则铅笔所画出的曲线，称圆的渐伸线。圆的渐伸线常用于斜齿轮齿面的形状，以便有很好的齿合。可见只有数学才能这样深刻地揭示螺线的美妙。

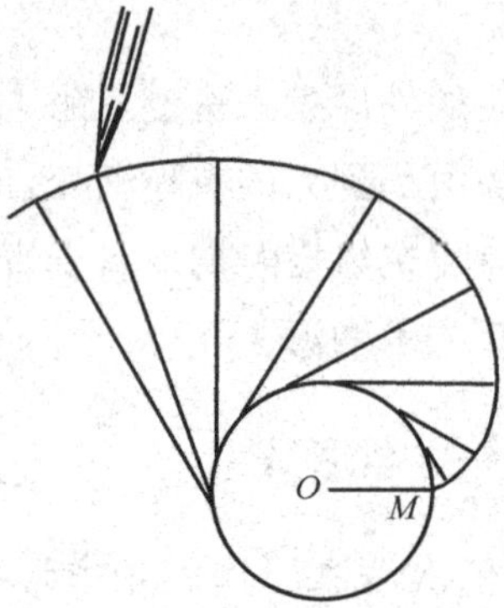

图 44-3

44.4 旋轮线（摆线）

当圆轮沿一直线滚动时，圆轮上一点的轨迹是旋轮线，或称摆线。这是一类考虑人类智力的曲线。伽利略定律指出，摆线的一个拱弧和它的底所围的面积等于母圆面积的 3 倍；1658 年，英国建筑师兼数学家连斯，论证了摆线一拱之长等于母圆半径的 8 倍。我们欣赏摆线，不仅在其“秀外”，尤其在于其“慧中”（图 44-4）。

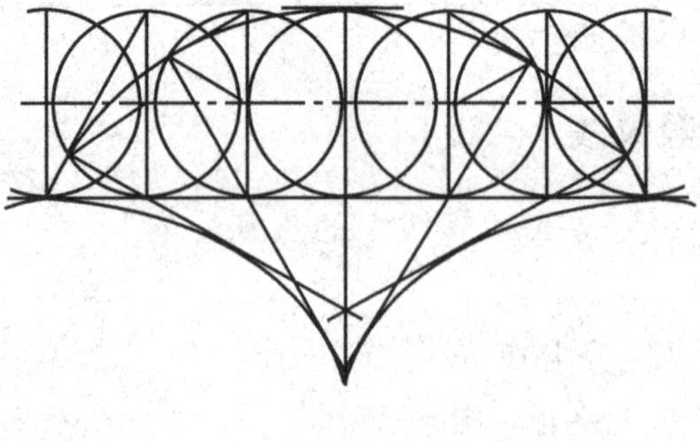

图 44-4

44.5 星形线

动圆绕定圆（在外侧或内侧）滚动，动圆上一点的轨迹称为外摆线或内摆线。当定圆半径是动圆半径的整数倍时，曲线是完整的（封闭的）。当定圆半径和动圆半径相等时，描出的是心脏线。当动圆在定圆内侧滚动，而半径为后者的$\frac{1}{n}$时，描出的是具有 n 个尖点的内摆线。当 $n=4$ 时，又叫星形线（图 44-5）。

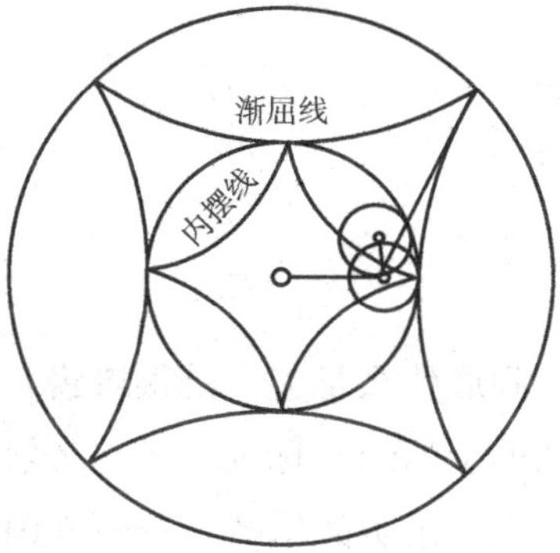

图 44-5

当 n 为分数时，要多滚几圈才能使曲线闭合。当 n 为无理数时，则永不闭合（理论上的说法）。现在有一种塑料制的万花曲线板，就是依上述各种情况设计的，能画出各种摆线。一些钞票、有价证券也印有复杂的此类花纹，以防伪造。摆线的渐伸线和渐屈线相似。若将凹成摆线作成下滑冰道面，则滑冰者不论从何点出发，则都花费的是同样的时间可降到谷底，所以这种曲线又叫作“等时曲线”。

44.6 四个直纹面的交会

图 44-6 可看成是四个直纹面的交会，也可看成是平面上的渐伸线、渐屈线，或者包络。几何与图案总是紧密结缘的，其中我们又看到了摆线的“影子”（此图形可用几何画板作出，从而可观赏其动态变化的美）。

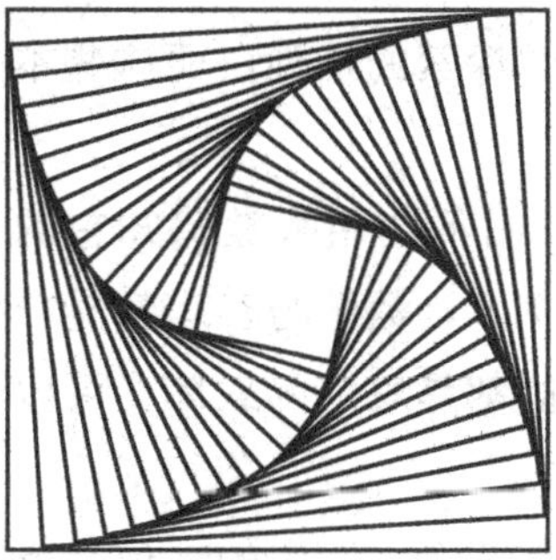
图 44-6

曲线是使人感到愉悦的艺术写真。在曲线研究中，现代各种科技产品的外形，如机翼、船舶、汽轮机叶片等的制造，需经过各种模拟实验找出一些离散的点描绘其大略，而一门如何将这些点连续化的数学应运而生，这便是“曲线拟合”。

45 结束语

到底什么是美，是很难说清楚的。庄子说“各美其美”，认为没有公认的美的绝对标准。《说文解字》中以“羊大为美”，是从口感出发的；而孔子听韶乐“三月不知肉”，则是对美的欣赏上了一个新的层次；英国著名的戏剧作家莎士比亚说：“一千个美学家，有一千个对美是什么的回答。”

但我们可以这样说：美是引起人的愉悦情绪的一种客观属性，依赖于人们对客观事物的认识。

《数学美拾趣》，既然是“拾趣”，自然不是全面、系统地去探讨、论述数学美，而是笔者看到数学中美的精彩内容的章节、片段，从艺术与思维的角度加以鉴赏。这些片段就像数学殿堂中盏盏明灯，使整座殿堂光华四射，璀璨夺目，赏析之下，会觉得情趣盎然，得到美的享受、思维的启迪和素质的陶冶。

当您读完以上 40 多篇文章，您会感到一种惊喜，原来数学离我们是如此的近，数学世界是如此的丰富多彩。数学发展史，就像精彩的故事一样，波澜起伏，扣人心弦。既在情理之中，又在情理之外，是和谐与奇异的统一体。读者不仅能学到许多课本学不到的知识，更重要的是可以学到一些灵活多变的思维方法，培养科学探索的精神，而这些本领掌握与否，甚至可以决定他一生事业的成败。

有人说：“数学是思维的音乐。”虽然我们不能用听觉感知它的节奏，可是我们可以用大脑体会它的韵律。事实上，数学与音乐都能净化人的灵魂，可使思想清晰、准确、简练，它们都是思维的载体，可以让我们的思维插上“金翅膀”。

数学是文明的一个重要组成部分，数学在某个文明中的地位常影响该文明在整个社会中的地位，因而古希腊文明在整个人类文明史上都占有重要的地位。

要学生学好数学，首先要引起学生对数学的兴趣和好奇心，要有来自教师的引导和启迪。高明的教师能够使学生甘心情愿地走进科学大门，哪怕是荆棘丛生、道路泥泞。

教师在教学过程中，应以数学审美情感去“感染”和培养学生的“美感”，加强审美态度的导向。以教师本身对科学的热情和追求来激发学生的兴趣，无愧于民族和下一代。数学教师应加强有关方面的学习和探索。如果一个教师有过经历好奇心的甜头，经历由于好奇心而维持着高度的机敏、紧张的精神状态，并由此而获得了灵感，享受着成功的喜悦，他就能够知道怎样激发学生的好奇心。

数学巧妙和谐的体系，严密而无懈可击的说服力，以及它在解决实际问题时所表现出来的神奇力量，这是使许多人倾倒在数学面前的根本原因。

许多数学天才钻研数学问题之所以达到如痴如狂的地步，其关键原因就在于数学的美贯穿于他们研究工作的始终，这种美促使他们的大脑形成兴奋中心，使这些美的信息重新分解和组合，以至豁然开朗，产生灵感。数学家寻求出方法或公式，如同看到雕像、美丽的风景，听到优美的音乐一样，从而得到充分的快乐。

人们喜欢数学是因为数学有着内在的协调和巧妙的结构，大自然是数学的肥沃的土壤，数学是启开任何一门科学的钥匙。数学使那些不可捉摸的规律脱去神秘的外衣。在其他科学中，有时结论可以修正甚至被抛弃，唯独数学的定理却与世长存，有志于科学研究的读者，无疑应首先掌握这把金钥匙。

美国数学家哈代说得好:“现在也许难以找到一个受过教育的人，对数学美的魅力全然无动于衷，数学的美虽然难以定义，但它的确是一种真实的美，和任何其他的美一样。比如对什么是一首美丽的诗，我们虽然不很清楚，但这并不妨碍我们读诗时去鉴赏它。”

伟大的科学家巴斯德说过:“立志是事业的大门。”青年人的思想活跃，敢想敢干，敢于标新立异，这是积极的一面，但立志之后应有踏实的作风，要经过各种途径磨炼自己的意志，事无巨细，干一件事要干到底，不要半途而废，不要光有理想而无行动。要看到一条简洁的数学定理从发现到证明，这期间掩盖着艰苦复杂的劳动，轻而易举获得成功的事是没有的。

国际数学联盟（IMU）还专门将2000年定为“世界数学年”，其主要宗旨就是“使数学及其对世界的意义被社会所了解，特别是被普通公民所了解”。

我们学习数学，研究数学，到底数学能给我们什么帮助？下面是几位数学家的回答：

“置身于数学领域中不断地探索和追求，能把人类的思维活动升华到纯净、和谐的境界”；

“数学知识使思维增加活力，使之摆脱偏见、轻信和迷信的束缚”；

“正如文学诱导人们的情感一样，数学则启发人们的想象与推理”；

“用美的态度对待世界，不仅有助于艺术的创造，也有助于科学的创造。数学不仅是一种思维的艺术，而且本身也是一种艺术”；

“数学的伟大使命，在于从混沌中发现有序”；

“数学是我们时代压倒一切的科学，它的领域日益扩大，谁要是不用数学为自己服务，有朝一日，就会发现别人用数学来同自己对抗”。

的确，如今的数学不仅为自然科学服务，而且在社会科学领域中也离不开数学：

经济学家发现，没有精确的计算，就弄不清经济的规律；

语言学家发现，有了数学才能精确地描述语言的构造；

历史学家发现，古物的鉴定，史料的整理，数学都可以帮得上大忙；

甚至文学和艺术理论家发现，数学也可以帮助他们解决某些难题；

至于军事学家更不用说了，离开了数学他们就根本无法指挥现代的战争。

马克思有一句名言：“一门科学，只有成功地运用数学时，才算是达到了真正完善的地步。”

不管您是否愿意，数学是无处不在的，它会陪您度过青春年华，跨越考试重关，充实风险人生。因此不管您将来干什么，都要努力掌握数学，准备把数学当作一件得心应手的锐利武器。在21世纪的信息社会，人人都需要数学。

参 考 文 献

方洲．2003．玩中学：青少年趣味智力题精选．北京：中国城市出版社．

顾建华．1991．美育新编．北京：北京出版社．

李范．1998．美育的现代使命．北京：北京师范大学出版社．

梁柯．1993．数学美揽胜．南宁：接力出版社．

沈翔．2004．高中数学开放性问题．上海：华东师范大学出版社．

谈祥柏．1994．趣味数学辞典．上海：上海辞书出版社．

王庆人译．1989．数学家谈数学本质．北京：北京大学出版社．

王全乐等．1998．数学巡礼．北京：教育科学出版社．

徐纪敏．1987．科学美学思想史．长沙：湖南人民出版社．

许康，周复兴．1991．数学与美．成都：四川教育出版社．

郑隆炘．1990．形象·灵感·审美与数学创造．武汉：湖北教育出版社．